U0257703

龟病图说

周 婷 陈如江
梁玉颜 李 艺 编著

中国农业出版社

[龟 病 图 说]

内容简介

    本书在介绍龟类动物饲养理念、捉拿方法、患病先兆、病龟处理方法、基础操作要领和给药方法等内容的同时，重点介绍了龟类动物疾病症状和治疗方法，并配有300多幅彩色照片。该书内容新颖、文字通俗、方法具体、图文并茂、直观形象，适合广大养龟者和有关人员阅读参考。

陈如江

1960 年生，上海人。海南海口泓旺农业养殖有限公司董事长，海南省龟鳖养殖协会副会长。从事龟鳖动物养殖近 20 年，养殖基地 200 多亩，种类 50 余种，种龟数量达 10 万只以上，每年出苗 150 万只以上。西氏长颈龟、圆澳龟等种类是国内首次繁殖，填补国内空白。

电话：13916515008　　E-mail: xulai88@hotmail.com

李 艺

1961 年生，广东人。广东食品龟类研究会会长，广东惠州李艺金钱龟养殖场负责人。从事金钱龟养殖 18 年，养殖面积 5 000 平方米，年繁殖金钱龟苗 400 余只，是目前国内惟一的室外工厂化金钱龟生态养殖场，也是国内首次批量繁殖金钱龟的养殖场。

电话：13809691016　　E-mail:liyi@cnjqg.com

梁玉颜

1953 年生，广东人。广东华夏珍稀龟鳖动物养殖示范基地负责人，养殖场面积 15 亩。自 1974 年以来，已养殖 30 余种龟鳖动物，年繁殖各种龟鳖苗 10 万多只，其中金钱龟 200 余只，杂交品种 10 多只；斑点池龟、黑颈乌龟属国内首先繁殖成功。

电话：13702435613　　13802487625

周 婷

1966 年生，江苏人。1989 年以来长期从事龟鳖动物物种鉴定、驯养繁殖、疾病防治等工作。先后发表文章 50 余篇，编著出版《中国龟鳖图集》、《观赏龟的饲养与鉴赏》、《龟鳖分类图鉴》等 9 本书籍。

电话：13805150950　　E-mail:zt66@263.net

William P. McCord　博士

PREFACE

Since the beginning of recorded time there has been interest in turtles. For some it is enough to enjoy them in their natural habitat, while for others they play a role in ancient folklore, the making of traditional medicine, are kept as pets, or may be consumed for a number of reasons. Turtles are presently in decline throughout the world, making a book dedicated to helping them a worthwhile addition to any chelonian library.

Along with the many problems there is hope! There is an increase in optimism for turtles in China. The scientific community has increased chelonian research, the zoos are dedicating more resources to native species, large-scale commercial turtle farming is taking some pressure off wild populations, and there is a growing interest in turtles among the private sector.

Senior author, Zhou Ting, a remarkable turtle specialist has recognized the need to medically treat turtles, and has herein helped those concerned to better care for their animals. Born in Nanjing, China, daughter of Zhou Jiu-fa, she grew-up involved with turtles at the Nanjing Turtle Museum, founded by her father. Zhou Ting has been working with turtles her entire life.

The book starts with turtle husbandry and discusses the relationship between man and turtles in China. The authors tell of how turtles are handled and how pathologic symptoms are both detected and interpreted. Techniques of restraining turtles are given, how and where to give injections, and how to draw blood are demonstrated. Various medications

used in turtle Veterinary care are listed and with how best to administer them. Anesthetic protocols are mentioned. The health problems of small private and large commercial turtle-keepers are enumerated, photographed and discussed. All in all how to treat forty-seven turtle ailments are found in this great reference book.

I recommend the "Atlas of Turtle Ailments" by Zhou Ting and others to anyone interested in the factors leading up to health problems, ways to recognize and diagnose such animals, and what to do about it. The knowledge gained from this book will enhance the quality of life for all turtles.

Sincerely

Dr. of Veterinary Medicine
Owner of the East Fishkill Animal Hospital

William P. McCord
East Fishkill Animal Hospital 455 Rte 82
Hopewell Jct., NY, 12533, USA

序

　　自古以来，人类对龟就兴趣盎然。对一些人来说，能在大自然观察欣赏到龟就很满足了；而对另一些人来说，龟在古代神话和中医药中有着重要的地位，它们被当作宠物、美味佳肴或其他种种原因被消耗掉。目前，世界龟类动物资源急剧下降，出版一本专门帮助它们的书将有助于龟类动物。

　　野火烧不尽，春风吹又生。在中国，龟类动物的乐观信息不断增加。科学团体加大了对龟鳖动物的研究，动物园为本国种类提供了更多的空间，大规模的商业化龟鳖养殖，在某种程度上减轻了各种需求对野生种群的猎捕压力，而且私营企业对龟鳖的兴趣也在不断增长。

　　第一作者周婷是著名的龟鳖动物专家,她一直帮助那些期望更好的饲养龟的人。她出生在中国南京，作为周久发的女儿，她在他父亲创建的南京龟鳖博物馆里与龟相伴着成长。

　　该书首先讨论饲养龟的观念和管理方法，然后讲述如何

捉拿和患病先兆；也描述了龟的救护技术：如何注射，在什么部位注射，如何抽血，不同的药物治疗，如何最好的管理等，也提及了麻醉剂的使用；最后，对个人或者大型养殖场遇到的龟病问题逐个进行了讨论，并附有彩色照片。总而言之，在这本参考书中可以找到47种龟病的处理方法。

我特将周婷及其合作者编写的《龟病图说》推荐给对龟类致病因子、龟病鉴别和诊断及治疗有兴趣的人们。从本书获得的知识，将提高龟类的生活质量。

真诚的祝愿

兽医博士、东菲斯科尔动物医院的法人
William P. McCord

龟之叹息

载着远古的气息，驮着厚重的盔甲，刻着沧桑的痕迹，带着憨态的面容，迈着艰辛的步伐，龟躲灾避难无数次逃过了7000万年前那场"生物大灭绝"劫难，一路爬山涉水顽强地爬到今天，却没能躲过现代人给它们带来的又一场灾难。

多少次听老人诉说，小时候在稻田插秧捉过龟；上山砍柴抓过龟；河里游泳见过龟。今天，我们踏青郊游于乡间小路时，见过静卧沉思的龟影吗？我们举目眺望于江湖时，见过游弋漂荡的龟姿吗？我们徒步游玩于山野时，见过悠闲自得的龟迹吗？它们去了哪里？我们何时能再寻觅到它们的踪迹？

老虎野兽无力啃咬放弃了它们，老鹰猛禽无处下手舍弃了它们，人类却喜欢它们，果腹之欲的嗜好，盲目地宠爱、无节制地利用使龟惶惶不可终日，惊恐万分，束手无策；它们带着对家乡的眷恋，离开世代生活的青山绿水，被现代人请进繁华的都市，等待着命运的判决。看着一盆盆一筐筐待出售的野生龟，我仿佛听到那一缕缕嘲笑中夹杂着一声声叹息，叹息贪婪与麻木演绎出命运的凄凉。

时间在指间悄然逝去，那一幅场景却没有随时间流逝被我忘却。一只停食多日的乌龟缩在一角，肿胀的双眼已遮挡它的视线，它不停地用前爪拨弄着双眼，试图看清眼前事物。我读懂了它的烦躁、它的无奈、它的期待；我体会到了爱莫能助中无奈的苦涩，体验到了忐忑不安中等待的焦虑。随着人们宠龟热情高涨，一只只龟背井离乡、妻离子散来到喧闹的城市。有的拘围于半米之缸间；有的出现了水土不服症状。一部分宠龟者不了解龟，改变了它们原有的生活方式，龟变得孤独了，变得体弱了，变得容易生病，病了无处医治，在绝望中等待苍天安排。我仿佛看到那一双双慌乱的眼神中释放出声声叹息，叹息长寿的生命脆弱得像一片叶子随风飘落。

　　春暖花开的 3 月，我看到一水产店内两只正在水盆里挣扎的缅甸陆龟，"叭哒、叭哒"的声息好似它们无数次攀爬、努力、失望后悲切的叹息。我对老板说："这是陆龟，会淹死的。"老板疑惑地望着我。没等他答话，我已伸手将两只可怜的陆龟拿出了盆外。2004 年深秋，昆明圆通寺池塘岸边缅甸陆龟和凹甲陆龟那惊恐不安的眼神至今停留在我记忆深处。我不知道还有多少陆栖龟被放生到湖泊；不知道多少热带的龟被放生到北方的江河湖泊里；但我知道那个生命将溺水而亡，那个生命将受冻而逝，那个生命将留下最后一声叹息，叹息无知与盲目演奏出生命的苍白。

　　你没感觉到它们对大自然的依恋吗？你没感悟到它们对生命的眷念吗？你没感受到它们对人类发出的 SOS 吗？随着人口增多，日益频繁的社区和经济等活动使它们宽广舒适的家园正在缩小；人类侵占了原本属于龟的栖息之地。其实龟要的并不多，何况它们需要的也是原本属于它们自己的那部分呢？我常常在想，龟靠自己爬过了苍海桑田的变迁，躲过了那场翻天覆地的劫难；那么龟今天遇到的滥捕滥杀、过度利用和环境污染等逆运将靠谁来帮助它们逃避这一劫难呢？靠它们自己？恐怕龟也力不从心了。

　　人类的良知该觉醒了！献出你的爱心，拿出你的善良，尽自己所能给龟应有的尊重、关爱和呵护。假如有一天，人类不再打扰龟，龟不再恐惧人类，那么人与龟将共谱和谐美好的天籁之音！

唐梓

2007 年 5 月于藏龟阁

目 录

龟

病

图

说

一、养龟备忘录

（一）与龟相伴的思考

我曾向一些龟友了解他们养龟的原由,结果大致不外乎以下六种情况:①与龟偶然相遇在公园、河边、路边等场所;②逛宠物市场时,一时兴起而购买;③被龟奇特的外形和温顺的性情吸引而喜爱;④受宠龟之风影响,看到朋友家饲养一二只龟而购买;⑤亲朋好友礼尚往来赠送的龟;⑥作为投资而养龟。由此可知,除第六种情况事先有准备外,其余五种均具有一定偶然性和盲目性。我们不难推测,他们在拥有龟以前是没有养龟心理准备的,更谈不上做一些知识上和技术上的准备;一旦领着龟回了家,才知道自己其实并不了解龟,才知道自己对龟知识一无所知或一知半解,于是急忙关注、了解和学习龟知识。

通过与许许多多龟友接触后发现,每一位养龟者都有自己的目的,有的是纯粹玩赏,有的是超级爱好,有的是投资,有的是玩赏兼投资。养龟者的目的不同,不仅直接影响到养龟者对龟的态度和饲养方法,甚至直接影响到龟的存亡。一部分养龟者缺少饲养龟类动物的知识,人们往往只知

你读懂了它的眼神吗

欣赏龟吃食是一种享受

与龟互动和交流

与龟互动交流趣味无穷

道龟类动物有耐饥耐渴、抵抗力强和生命力旺盛的本领，而不了解并非每一种龟都适宜人工驯养，每一只龟都具有抵抗力强的特性。大部分龟在突然改变了生活环境后，会出现绝食、肠炎、消化不良等应激反应。面对如此状况，养龟者如有一定的养龟知识，就能及时采取相应措施，否则结果可想而知。

盲目养龟给龟类资源带来了无法估量的损失。盲目养龟刺激了龟类的贸易。就长远来看，盲目养龟不仅将使我国大多数龟类趋向濒危，且波及邻近国家的龟类资源。另外，从驯养繁殖技术上讲，除少部分龟能人工繁殖外，其余种类的繁殖技术尚不成熟，甚至有些种类根本不能人工繁殖。因此，市场上出售的龟类一部分仍来自野外。这些龟在捕捉、运输及暂养过程中，患病率和死亡率较高。若长期捕捉，后果是不言而喻的。盲目宠龟养龟，将导致龟类资源日趋下降，龟类种群走向衰退。

龟虽有长寿美名，也是长寿的象征。但在人工饲养环境下，龟不一定能活得很健康。因食物及饲育方法等因素改变，龟患病率较高，若饲养野生龟，成活率则更低。龟患病后不像猫狗等动物那样有明显的体表症状；没有正常与非正常体温可比较；也不会发出声音来表达自己的病痛。在日常饲养管理中，若饲养者不注意观察或缺少经验，很难发现龟患病。从国外龟友、龟网站、龟杂志和龟书里了解到，发达国家不仅给龟开膛破肚、修补龟壳、血液化验、插咽管喂食和体内寄生虫等治疗技术已很娴熟，治愈率也较高，而且有专业的龟医院或两栖爬行动物医院。在我国，龟就诊治病不如猫狗等动物那样有成熟的治疗技术和专门的医生、医院和药物；龟病研究和治疗技术还远远不如发达国家，尚处于摸索和学习阶段。当我们发现病龟时，无龟医生可求，无龟医院可诊。虽存有一颗爱怜、焦虑之心，却只能自力更生披挂上阵；对一些病入膏肓的龟也只能束手无策，无回天之术。鉴于此状况，为了一个动物的健康、为了一个物种的明天、为了一个生命的延续，当你准备与龟相伴时，当你决定领着龟回家时，请扪心自问四个问题。

第一，我为什么喜欢养龟。是喜欢龟奇特的外形？是喜欢龟的习性和性情？是一时心血来潮？……。

第二，我了解多少龟知识。龟的生活环境是怎样？龟的食物是什么？龟的活动规律是什么？……。

第三，我能为龟付出多少精力、时间。每天能付出多少时间观察龟？每天能付出多少心思考虑养龟的问题？每天能付出多少精力呵护龟？……。

第四，我能为龟承担多少费用开支。龟患病时，我能为龟付出多少费用？龟的治疗费高于龟的经济价值时，我为龟治疗吗？……。

有时，因忙于其他事情，冷落怠慢龟数日，等想起来再看龟时，已发现它有不适。当你忽视龟的存在，龟立即就会给你"颜色"看，它不是缩在一角，就是停食、流鼻水……，它总有不舒适的地方。养龟多年，感悟最深的是：养龟不但需要好奇心、耐心和爱心，更重要的是需要责任心和谨慎心。当然，具备一定龟类动物知识是必不可少的前提。因此，养龟前，请确立自己养龟的动机和目的；然后确定你是否与龟为友，是否与龟为伴，最后再决定是否领着龟回家。切忌盲目养龟！

闲暇之余赏龟　　　　　　　　　　龟也会交谈吗

如果你与龟相遇相识纯属偶然，但你一旦成为龟的主人后，你决定与龟为友，决定与龟为伴，你就要呵护它、关爱它，多花一些时间去了解它，并对它的一切负责；否则就违背了我们宠爱龟的初衷；也违逆了我们关注龟的精力；更违反了我们保护龟的意愿。

（二）宠龟的理念

在喧嚣紧张的环境中打拼一天后，拖着无力的身躯回到家，看着憨厚敦朴的龟，疲惫和烦躁渐渐消失。伺弄龟能让人忘却烦恼和烦闷，在繁杂的生活中拥有一片属于自己的精神天空。随着宠龟兴起，养龟队伍不断壮大，一些宠龟者盲目讲究养龟品味，一味追求养龟数量、种类，有的喜爱养野生龟、养稀有龟，形成了不正确的养龟理念。

宠物市场上的龟

等待出售的野生龟

1. 勿选购野生龟

生活在自然界的龟无拘无束，自由自在。人类为满足自己各种需求捕捉它们，拆散它们家庭，甚至剥夺它们的天伦之乐！野生龟被捉到后，需经过许多环节和转手才能在宠物市场上露面。这些可怜的龟身心倍受煎熬，身体状况更是早已虚弱，伤病缠身。野生龟被圈养后，初期易出现应激综合征，如肠炎、脱水和绝食等，龟需要一段时间驯化后，方能适应人工饲养环境和人工饲养方法；一些体弱适应力差的龟，需要治疗后才能恢复健康。所以，养龟者若没有养龟经验和治病的基础知识，龟的命运凶多吉少。一旦死亡，养龟者又购买新的龟，卖龟人就需要不断的进货来补充货源，也就有人到产地收购或直接到野外捕捉，一条恶性循环的商业通道使野生龟源源不断地走向市场，野生龟资源越来越少，以致于20世纪50～70年代在稻田、河边常见的龟，成了今天的濒危动物。保护野生动物已是不争的共识，不选购野生龟也是保护龟类动物行为之一。在养龟者中形成拒绝养野生龟之观念，树立养人工驯养繁殖龟之理念，野生龟的明天将是一片光明。建议经验不足的养龟者勿轻易选购野生龟，不要让龟在我的、你的、他的手中逝去……

目前，锯缘闭壳龟、眼斑龟、四眼斑龟、平胸龟、粗颈龟、马来巨龟、马来龟等种类均来自野外。

常见部分成体野生龟的种类

中文名	拉丁名	中文名	拉丁名
安布闭壳龟	*Cuora amboinensis*	红头扁龟	*Platemys platycephala*
锯缘闭壳龟	*Cuora mouhotii*	钢盔侧颈龟	*Pelomedusa subrufa*
齿缘龟	*Cyclemys dentata*	丽箱龟	*Terrapene ornata ornata*
眼斑龟	*Sacalia bealei*	斑点水龟	*Clemmys guttata*
四眼斑龟	*Sacalia quadriocellata*	贝氏绞龟	*Kinixys belliana*
黄额盒龟	*Cistoclemmys galbinifrons*	荷马绞龟	*Kinixys homeana*
平胸龟	*Platysternon megacephalum*	缅甸陆龟	*Indotestudo elongata*
粗颈龟	*Siebenrockiella crassicollis*	黑凹甲陆龟	*Manouria emys*
马来巨龟	*Orlitia borneensis*	凹甲陆龟	*Manouria impressa*
马来龟	*Malayemys subtrijuga*	四爪陆龟	*Testudo horsfieldii*
斑点池龟	*Geoclemys hamiltonii*	红腿陆龟	*Geochelone carbonaria*
咸水龟	*Callagur borneoensis*	缅甸星龟	*Geochelone platynota*
缅甸沼龟	*Morenia ocellata*	印度沼龟	*Morenia petersi*
希氏蟾龟	*Phrynops hilarii*		

2. 与人工驯养繁殖龟为伴利大于弊

人工驯养繁殖龟已适应了人工饲养环境，适应能力较强，体质状况健康。虽然人工驯养的龟也有患病现象，但人工驯养繁殖的龟比野生龟更易驯化、易适应新环境，而且相关养殖资料较丰富，养龟者可直接请教龟友、网络和书籍。购一个称心如意健康的龟，是你养龟经历中很重要的环节之一。假如你选购健康的人工驯养繁殖龟，你将体味养龟带来的无尽乐趣。假如你领回一只龟，你还没有体验到养龟的快乐就被龟突然故去而烦心，犹心难挡，你将是怎样的心情呢？当你准备养龟，并拟与龟为伴者，奉劝你选购人工驯养繁殖的健康龟，目前，红耳彩龟、乌龟、黄喉拟水龟、中

华花龟、蛇鳄龟、大鳄龟等种类均来自养殖场，市场上一些外国龟类的幼龟几乎都是人工养殖。

常见部分人工养殖的龟种类

中文名	拉丁名	中文名	拉丁名
西氏蛇颈龟	*Chelodina siebenrocki*	蛇鳄龟	*Chelydra serpentina*
玛塔蛇颈龟	*Chelus fimbriata*	大鳄龟	*Macroclemys temminckii*
黄头侧颈龟	*Podocnemis unifilis*	菱斑龟	*Malaclemys terrapin*
麝动胸龟	*Kinosternon odoratum*	密西西比图龟	*Graptemys kohnii*
剃刀动胸龟	*Kinosternon carinatum*	印度星龟	*Geochelone elegans*
两爪鳖	*Carettochelys insculpta*	苏卡达陆龟	*Geochelone sulcata*
乌龟	*Chinemys reevesii*	豹龟	*Geochelone pardalis*
黄喉拟水龟	*Mauremys mutica*	红耳彩龟	*Trachemys scripta elegans*
中华花龟	*Ocadia sinensis*	黄耳彩龟	*Trachemys scripta scripta*
三线闭壳龟	*Cuora trifasciata*	纳氏伪龟	*Pseudemys nelsoni*
黄缘盒龟	*Cistoclemmys flavomarinata*	锦龟	*Chrysemys picta bellii*

人工养殖的黄喉拟水龟

养殖场一角

即将孵化的龟卵

人工养殖的菱斑龟

3．勿以养龟数量和种类为追求目标

养龟多少并不能衡量养龟者的技术和水平。有的养龟者根本没有精力和时间照料大大小小、种类各异、习性不一的龟；但因喜爱和盲目宠龟等心理，仍然饲养很多龟，忙碌之余只能匆匆忙忙、马马虎虎伺候龟，不能在第一时间发现龟患病，致使龟奄奄一息。

顾名思义，稀有就是数量稀少之意。一部分养龟者盲目追求养稀有龟类，甚至在没有心理准备，没有了解龟类动物知识之前，持"物以稀为贵"的观念，抱投资致富心态，盲目选购稀有种类，当龟出现停食患病，养龟者束手无策，病急乱投医，最终造成龟死亡是必然结果。广东一售龟者的冰箱里存放着4只成体周氏闭壳龟；目前，周氏闭壳龟尚没有人工繁殖成功，人工驯养种群数量估计仅有29只。试想，如果这4只龟活着，对繁衍周氏闭壳龟将有很大的作用。盲目养稀有龟，将给龟类资源带来无法估量的损失。如体型色彩艳丽的地龟一直倍受养龟者喜爱，市场上的地龟都来自野外，成活率低，难以适应人工饲养环境，已被列为国家二级保护动物；此外，在分类学上，地龟属于单属单种，一旦这个种消亡，也就意味着这个属消失，一个物种就灭绝了。所以，建议广大养龟者，在没有具备一定龟类知识和积累一些养龟经验前提下，勿盲目饲养稀有龟。

普通种类的龟一样具有可爱灵气

龟也会摆造型

4．宠龟之余以繁殖为目标

宠龟是情趣，养龟是乐趣，一旦你接受了龟，并与龟相伴了，你将为

龟的生命负责，承担龟生死存亡的责任。如果你有条件和精力，可尝试着给龟提供一个产卵的环境，让龟繁衍后代。当你亲眼目睹小龟仔打着哈欠，探头探脑，冲破卵壳束缚来到世界的情景，心中那长久期待、焦虑等待后的喜悦和成就感足使你高兴得手足舞蹈，感叹一个生命就这样悄然走来了。

人们都懂得"生命逝去不再重来"的道理。我们不要因龟微不足道，忽略它的存在，藐视它的尊严轻视它的生命。生命没有贵贱之分，龟有自己存在的价值，且这些价值已通过人类的社会活动、经济活动等体现了出来。宠龟之余以繁殖为目标，即能使龟健康快乐的成长，也使自己有一个迎接新生命、感受生命降临的机会，何乐而不为？

正在产卵的龟

即将出壳的龟

一群龟仔

正在孵化的龟卵

5. 宠龟者的责任

宠龟者对龟都具有一定的责任。第一，每一位养龟者都有宣传龟类知识的义务。首先，龟是古老的爬行动物，素有"活化石"美名，因此，让人们了解龟的科普知识很有必要。其次，一部分人对龟类的生物学知识存有一定的误区。比如将所有的龟都称为"乌龟"，将陆龟与水龟相混淆等等。第三，多数人长期以来一直把龟当作一种水产

理性养龟，善待生灵

品、滋补品而食用的观点，与当今倡导保护龟类动物的思想不相符。所以，每一位养龟者在养龟同时，都有责任有义务向身边的人传播龟类动物的生物学知识，宣扬保护龟类动物的重要性。每一位养龟者都有保护龟类动物的责任。养龟可从饲养、繁殖和疾病防治入手。要知道，人工驯养繁殖龟类是恢复和发展种群的有效途径之一。当然，在日常生活中，关注龟类动物的资源，关心龟类动物的命运，关爱龟类动物的健康，也是保护龟类动物的行为之一。每一位养龟者都有学习龟类生物学知识的必要。无论是出于何种原因，养龟者都应该为龟的生命负责。也许您也曾遇到过这样的场面：缅甸陆龟被饲养在水中的场景；或许您曾给陆龟投喂大量动物性食物（瘦肉、猪肝等），当您为陆龟吃食而开心的时候，是否知道过量的蛋白质对陆龟肾脏有一定的损害。若养龟者具备一定龟类动物知识，这样有损龟健康的现象是可以避免的。

龟类动物属长寿型、晚成熟、繁殖率低的物种。它们很难承受人类盲目宠龟的行为。虽然，龟被人们盲目宠爱仅是野生动物被过度利用现象中的沧海一粟，但带给我们的启示与忧虑却不能不令人轻视。我们应理性养龟，善待生灵。

（三）赏龟小提示

养过龟的人都说，养龟比养猫狗和鸟类等动物省事，而且干净无污

染。虽然，从外观上看，龟似乎很干净，身体没有异味。但研究资料表明：龟身上携带一些病菌，龟表皮和龟壳表面能够发现沙门氏菌病，这些细菌在正常环境中可存活10个月左右，是一种最普遍的人畜共患疾病，小孩和免疫力低的人及易被感染。据了解，目前养龟者对养龟卫生意识处于很低的水平，一些养龟者照料和接触龟以后不及时洗手；有的养龟者将龟放在餐桌上观赏；有的养龟者甚至让龟与自己同床共枕。医生建议：有1岁以下婴幼儿的家庭应避免饲养爬行动物；避免让5岁以下的孩童直接接触此类宠物。因此，大家在日常饲养龟时应注意以下几点：

（1）龟使用的器具和用具单独摆放。

（2）不要一边照料龟一边吃东西。

（3）避免在厨房或摆放食物的地方清理龟缸和用具。

（4）接触和照料龟后，应彻底洗手，最好使用有消毒功能的肥皂或洗手液。

（5）经常清洗并消毒龟缸和用具，减少病菌传播机率。

总之，在养龟过程中，应保持龟缸卫生，增加自身卫生健康意识，尽可能减少被沙门氏菌等细菌感染的机率。

患病的龟

龟的用具单独摆放

（四）龟的成长日记

或许你看到这个标题会哑然失笑。但如果你真心宠爱龟，以龟为友，建立这个档案，为龟写日记是必需的，此日记非自己的情感日记，而是记录种名、引进时间、体重和性别等数据和信息，另外，还应记录饲喂情况，包括投喂时间、食物名称、数量和排泄物等内容。表格通常贴在饲养缸边上，每天饲喂后随手记录。此外，龟朴实的外形，受宠不惊和与世无争的性情，可以引伸为一些人生理论和处世哲学。所以，将您与龟互动、交流的体验和感悟断断续续的记录下来，也不失一种修身养性的生活方式。

档 案 记 录 表

昵称 _____ 种名 _____ 来源 _____
性别 _____ 生态类型 _____ 食性 _____
引进时间 _____ 引进价格 _____
称量时间 ____体重 ____背甲长 ____背甲宽 ____背甲高 ____（单位：克，厘米）

_____
_____
_____
_____
_____
_____
_____

日常管理记录表

记录时间	水温	投食时间	食物种类	进食情况	粪便情况	换水	其他

（五）请勿随意丢弃龟

天下没有不散的宴席。此状况也会发生在人与龟之间。如果你因工作、生活或其他原因，不能再照料龟，不能再与龟为友时，千万不要将龟放生到湖泊河流山野中。曾有媒体报道，在江边发现缅甸陆龟；在北方发现马来西亚巨龟。我曾目睹某寺庙内的池塘岸边有多只凹甲陆龟。你可知道，你的龟是否适应当地的自然环境？你可知道，他是否能安全度过严寒

的冬季？你可知道，他是否会被垂钓者钓到？你可知道，他将被意外捉到而宰杀或转让？你可知道，红耳彩龟已被列为世界100种外来物种侵害物种，不能随意放生到自然界，否则会对我国自然界的乌龟、黄喉拟水龟等土著种造成危害？这些都是你安置龟时必须考虑的因素。你饲养了它，在过去与它相处的日子里，彼此建立了一种人与龟的宠物情缘，无论你何原因，不能再继续照料它，不能再与它交流，不能再与它为伴，但你必须为它的未来寻找一个最适宜、最安全、最可靠的新家。这就是你的责任，也是你作为它曾经的主人应有的义务。

为龟寻找新主人的途径除考虑身边亲朋好友外，可联系动物园、动物协会等动物保护组织，此外，国内一些龟网站的论坛是龟友聚会的地方，很多龟友已积累了丰富的养龟经验；求助者可发帖联系愿意收养龟的龟友。个别龟网站还开设了收养、寄养等服务项目。

寺庙内放生的龟以红耳彩龟为主

云南昆明圆通寺内被人们放生的缅甸陆龟和凹甲陆龟，它们的命运可想而知

你舍得丢弃它吗

（六）龟的捉拿方法

在人们的印象中，龟是温厚迟缓的动物，可随意捉拿玩弄，其实不然。若不注意捉拿方法，你将哭笑不得，或许也会让你狼狈不堪，甚至给你留

下一个终身难忘的痕迹。

对于大多数重50～250克的龟来说，可直接抓住龟背甲和腹甲中部，这样可避免被其锋利爪抓伤。重50克以下的龟可直接抓拿。

对于重250克以上龟，一般用双手或单手（因个人而宜）抓住龟甲桥中部，必须注意，捉拿时，千万不能把龟腹甲面对自己，应将龟腹甲朝外

抓住龟甲桥部位

抓住龟背甲和腹甲中部

重2千克左右龟的捉拿方法

正在排尿的龟

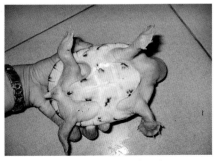

50～250克龟抓住龟甲桥部位

50克以下的龟直接抓拿

（即龟背甲面对自己）。龟的尿囊能储大量水，一旦受惊动或侵犯时，立即排尿。若不注意，真的使自己哭笑不得且狼狈不堪。

大型龟的捉拿方法

重20～25千克的龟，因龟体较大，不能徒手抱住龟；通常借助麻袋、编织袋等材料捉拿龟。将龟放在编织袋上，由二人和四人拿着编织袋，将龟拎起；这样能避免因拿龟四肢引起骨骼或肌肉损伤。

龟类中的平胸龟、蛇鳄龟和大鳄龟是最凶猛的龟，凶猛程度从其嘴巴形状可见一斑。重50～150克的龟虽可直接捉拿，但也应保持谨

平胸龟的捉拿方法

蛇鳄龟的捉拿方法

蛇鳄龟的捉拿

幼龟可以直接拿到手中

慎，防治被龟爪抓伤；捉拿重150克以上龟时，直接抓住尾部；对于重1000克以上龟，尤其是蛇鳄龟和大鳄龟，必须先克服惧怕的心理，然后看准了位置一步到位抓住尾部。此外，龟颈部能突然伸长，所以，当龟被拎起后，手臂应尽量伸直，避免被龟咬住。

（七）龟患病先兆

在日常饲养过程中，及早发现龟患病，在治疗中可以起到事半倍功的作用，因此了解龟患病的特征和症状十分重要。

龟是否患病通常从龟的外表、活动、捕食和排泄物等方面可判断。所以，日常养龟护理中，应多观察龟的行为、活动、食欲、粪便等。外表包括皮肤溃烂，眼睛肿胀，流鼻水等症状；活动包括爬动、游泳姿势、睡眠时间等等。

若初次养龟，或经验不足，或龟体表没有明显症状，也可从以下这些行为和特征初步判断龟是否患病。

（1）反应迟钝，遇有惊动，不能迅速作出应急或防御措施（如立即缩头脚、逃跑等），经常躲藏在角落。

（2）四肢干瘪，用手压背甲和腹甲，感觉较软，生长速度缓慢或停滞。

（3）用手上下掂量龟时，感觉非常轻。健康龟是沉甸甸的感觉。

（4）嗜睡，用手刺激其头部或四肢时才有反应。

（5）捕食时没有主动性。若食物放在远处，则不爬过去。若食物放在其嘴边，则能捕食少量。

其他龟都在吃，这只龟却无食欲

从早睡到晚，不是好现象

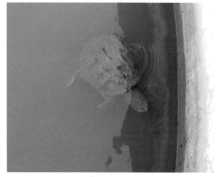

漂浮水面不能沉水的龟

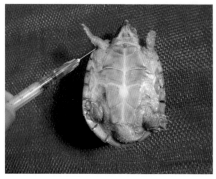

龟受刺激后无应激反应

（6）水栖龟漂浮水面是患病前兆。

（7）投喂食物后，在30分钟内吃完食物，属正常。否则，应多注意观察其行动。

（八）病龟处理方法

一旦发现病龟，应立即做好三件事情。

（1）发现病龟，无论传染与否都应立即隔离。尤其是体表受伤的龟很容易被其他健康的龟嘶咬。

（2）检查龟全身，看看其他部位是否有异常症状，尤其需要检查口、鼻、四肢窝、肛孔和颈部。

（3）检查龟窝内是否有粪便、呕吐物等其他排泄物，为确诊提供更多依据。

病龟应单独饲养

口、鼻部位的检查

（九）有备无患

领着龟回家，家中就增添了一个小生命。我曾在"龟之魅力"一文中写到："有一天我还惊异地发现：凡养龟的人只要养了一只龟，就会有第二只，第三只，直至更多……。"这句话一点也不言过其实，我相信只要养过龟的人定有同感。所以，养龟不仅需要添加龟窝、温度计和灯等器材，还需要备些常用药品，避免临时急用时措手不及。常用药品包括消毒类、抗生素类、外用软膏类。

消毒类主要是用于龟缸和龟窝的消毒。通常可使用高锰酸钾、食盐和超市出售的消毒液。消毒药使用后，需用清水冲洗。

抗生素类包括呋喃唑酮、阿莫西林等。

外用药包括碘酒、酒精、金霉素眼药膏和氯霉素眼药水。

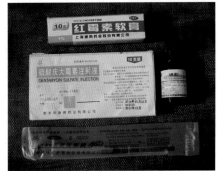

预备部分药物和器械

二、操作与治疗

（一）基础操作

1. 如何使龟伸出头部

龟生性胆怯，一旦受惊动或遇到危险时，第一反应就是"缩头"。"缩头"是龟防御和抵御的方式之一。龟缩入头部后，难以观察其头部症状、喂药和治疗。为龟治疗过程中，如何使龟伸出头部，并控制其头部是件困难的事。不过，龟也有自身弱点：大多数龟怕痒。方法是：用毛笔、小树枝等柔和物体，轻轻触动龟尾部、臀部和后腿；触动前，将龟平放于桌面或手中。切忌注意，操作者应有一定耐心，并不能随意移动身体，否则龟易缩头。对于另一些龟类，轻轻敲击其背甲后部，龟头部也会缓慢伸出。对于四眼斑龟、斑点池龟等种类而言，将龟头部朝下，尾部朝上，身体水平倾斜，头部将逐渐缓缓伸出。有些患病或体小的龟，体弱无力，当拉出龟前肢时，龟也能伸出头部，此时慢慢卡住龟头部，然后缓缓拉出，切忌过力用猛，以免龟受伤。如果以上方法都无效，可先抓住龟两个前肢往外拉，当龟头部伸出时，另一人立即掐住头。

龟受刺激后，龟慢慢伸出头部

轻敲龟背甲后部的方法

倾斜斑点池龟身体后，龟缓缓伸出了头　　　　向外拉龟前肢，头部能伸出壳外

2．如何控制龟头部

当龟头部伸出后，迅速用大拇指和食指夹住头部后端两侧，此处是颈部与头部连接处，手指正好卡住龟头部，使龟头部不能缩入壳内。夹住龟头部后，切忌向外用力拉龟头部，只能控制龟头部，不使其头部缩入壳内，当头部不朝壳内缩时，方可轻轻的，缓缓的将头部向外拉。必须注意：不能用力过重，避免捏伤龟头部。

手从龟下颌往头顶部的控制方法　　　　　手从龟头顶部往下颌的控制方法

3．怎样让龟张嘴

欲想使龟张嘴，只有先控制龟头部，然后才能借助机械将龟嘴掰开。若龟颈部缩入壳内，再让龟张嘴较难；而且龟受惊吓后，需要很长时间慢慢消除胆怯心理后才缓缓伸出头。控制龟头部后，通常借助开口器、金属棒或止血钳等硬物使龟张嘴。具体操作方法：将龟先竖立，用硬物刺激龟嘴边缘，当龟张嘴攻击时，操作者立即将开口器、止血钳或金属棒送入龟

嘴中，并立即调整开口器位置，使龟嘴张开。另外，因幼龟体小力弱，操作者也可用手直接打开龟嘴，一人控制其头部，另一人掰开其上下颌然后放入止血钳等硬物，撑开龟嘴。

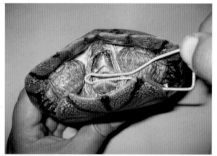

自制的开口器

兽医用的开口器

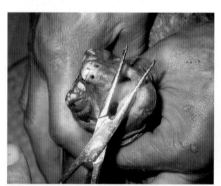

止血钳放入龟嘴后，张开止血钳

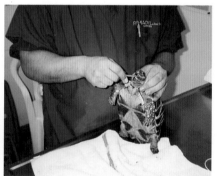

龟张嘴时，立即放入金属棒

（Ralph Hoekstra 提供）

4. 控制龟四肢的方法

在日常管理、检查和治疗过程中，常常需要将龟四肢拉出。但龟四肢非常灵活，受惊动后，立即缩入壳内。龟四肢有一活动规律：将龟腹部朝上，用手或硬物刺激左前肢，其右后肢将伸出；若刺激右前肢，其左后肢将伸出。反之，若刺激左后肢，其右前肢将伸出。了解了龟活动规律后，操作者事先作好准备，当后肢或前肢伸出时，操作者迅速抓住它，并用食指抵着大腿（股部）部，使其不能缩入壳内。若只抓小腿或掌部，龟腿易缩回。对体小的龟，有时也可直接先抓住掌部，然后再用力拉腿，慢慢移到小腿部位。但必须注意，抓掌部时一定要多抓一些，不能只抓爪或很少的掌，避免龟受伤。

受刺激后龟伸出后肢

后肢的控制方法

5. 直肠检查

陆龟易患膀胱结石。膀胱结石可通过直肠检查和 X 光拍片确诊。对于体长 15 厘米以上的陆龟使用手指直接检查。检查前应修短指甲，也可戴手指橡胶套（涂抹润滑油，如金霉素眼药膏、凡士林等）。首先，将龟浸泡在温水中 20 分钟，待其适应后，左手托着背甲，慢慢地、轻轻地把龟尾扶直，食指或中指轻轻伸入泄殖腔内，若龟动则停，强烈撑力则退让，泄殖腔收缩则缓。对于体长 10 厘米左右的陆龟，可用细金属棒（也可用牛角耳扒、塑料搅拌棒等代替；勿使用玻璃棒等易断裂物体）涂抹润滑油后，缓缓伸入泄殖腔中。若手指或耳扒碰到硬物，则说明龟体内有结石。

龟浸泡在水中

扶住龟尾

手指缓缓伸入泄殖腔孔

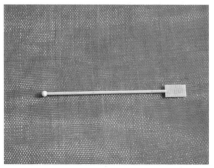

搅拌棒

（二）给药方法

1. 注射方法

（1）肌肉注射　龟患病后期已停食，给龟灌服药物很困难。肌肉注射可使龟迅速吸收药物，治疗效果快，但也会因误诊或用药不当而加快死亡。背甲长10厘米以下的龟，适用1毫升的针筒和配套针头。肌肉注射部位在四肢腹面，一些尾部肌肉丰富的种类（蛇鳄龟、平胸龟等种类），注射部位可在尾基部。注射前，局部消毒，针头与皮肤呈45°角（龟皮下肌肉较少，若针头与皮肤垂直，易刺到骨骼），针头刺入肌肉内0.5～1厘米（视动物大小而定），注入药液。注射完后，用棉球压迫针眼，以免出血。对肾脏有伤害的药物应从前肢注射，否则会引起严重的肾脏衰竭。其他对肾脏无伤害的药物则可以在后腿和尾部肌肉注射。

后腿肌肉注射

前肢肌肉注射

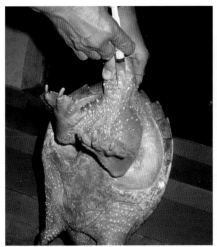

尾部注射部位

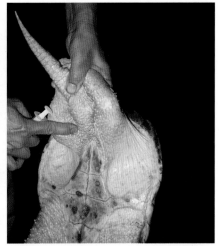

注射完应用棉签或手指用力按针眼，避免出血

（2）腹腔注射　腹腔注射是指直接把药液注射到腹腔内，通过腹膜吸收。腹腔注射方法常用于体小或病情严重的龟，适用于氯霉素等刺激性

腹腔注射方法

较小的药物。注射部位在后腿与胯盾间的凹陷处（后腿窝）。首先将龟头部朝下前倾，拉出一侧后腿，局部消毒；针头朝向龟头部或凹陷处，与腹甲呈20°～45°角刺入皮内，深度1～2厘米左右。切忌刺入过深，以免伤及内脏。注射前，药液温度应接近龟体温，以减少温差对龟的刺激。

2．插入胃管方法

对于已丧失捕食功能的龟，可使用插入胃管方法。胃管可用猫、狗常用的导尿管替代。插入前先将龟竖立，并控制其头部；然后掰开嘴，将涂抹植物油的管子轻轻从口部（注意避开气管）送入喉咙，直至到胃（胃部通常在自甲壳前方量起的1/3处），最后将吸入流质食物的注射器与导管相连，缓缓将食物送入胃中。

各种型号的导尿管

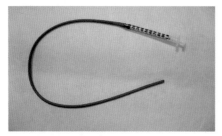

导尿管与注射器的连接

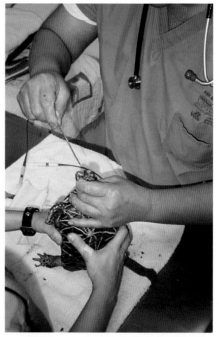

插入方法

（Ralph Hoekstra 提供）

3．载体喂药方法

载体喂药是将药物注入其他动物体内，然后将该动物投喂龟的一种方法。通常选用黄粉虫、蚯蚓等小动物作载体。具体方法：将药液注射到黄粉虫等载体体内后直接喂龟。对于陆栖龟类，可将药物埋入黄瓜、

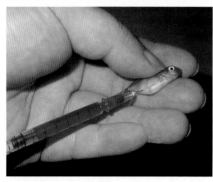

药物注射到小鱼中

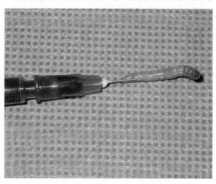

药物注射到黄粉虫中

番茄、草莓等瓜果中。载体选择龟能一口吞入从小动物，避免龟吞食过程中将食物咬碎，存物流出。

龟正食已注入药的黄粉虫

药物埋入黄瓜中

4. 浸泡给药法

浸泡给药法是将药物在水中充分溶解后再放入龟浸泡。让龟饮水时喝入药物，龟的皮肤也可吸收少量药物。注意水位不能超过龟背甲高度。有些药物不溶水，但溶于酒精，如呋喃西林，先加入少量酒精，调成糊状后再加水稀释即可。

浸泡中的龟

5. 填喂药物方法

填喂药物即强行给龟投喂药物的方法。操作前先准备好毛巾、金属片、匙勺、食物等相关工具。用毛巾或布垫在操作者两腿之间（避免龟受刺激后排尿），将龟夹在两腿之间或由另一人控制龟身体；控制龟头部后，撬开龟嘴将匙勺放在龟嘴边缘，药物放入龟口腔里，用小号圆头镊将药物轻轻送入口腔深部，若将药埋入食物中后再填喂，在下颌部能触摸到食物，可用大拇指和食指轻轻将食物往脖子方向移动，手能感觉到药物在滑动。若药物没有放到口腔深部，药物只停留在口腔中；一旦龟被放入水中，将呕吐出食物。

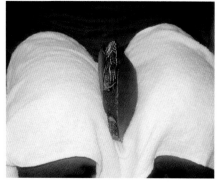

控制龟的模式

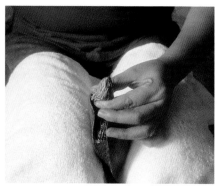

控制龟的头部

（三）采集血液的方法

血液化验是常用的检验手段，对龟病诊断意义重大。可用于贫血、炎症、病毒性感染、寄生虫感染、过敏以及应激等许多疾病的诊断参考，如检查血细胞压积和血浆总蛋白状况，可以观察龟贫血和脱水。若白细胞过多往往代表龟有感染。有关不同物种龟的白细胞数据可从美国田纳西大学（http://www.vet.utk.edu/emydidae/turtle.shtml）网站了解。

从龟类身上采集血液，可以从颈静脉、背甲下方、尾部、前臂、大腿（股部）抽取，常用的有背甲下方抽血方法和尾部抽血方法。

1．背甲下方抽血方法

此方法适用于极度胆怯，难以控制的龟。取血位置在背甲中央与颈部连接处。

2．尾部抽血方法

控制龟后，将尾拉直。取血位置在尾部两侧，针头刺入后，略微搅动针头，然后拉动注射器。为便于取血，通常选用雄龟（雄龟尾部长且粗，便于控制和采血）。

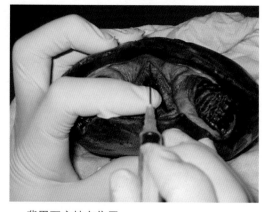

背甲下方抽血位置

针头刺入后，拉动注射器

尾部的控制

针头刺入的位置

缓缓拉动注射器

（四）麻醉的方法

为龟做一些手术或龟有严重外伤时，为了不损伤龟的健康，减少龟的痛苦并防止操作者被龟咬伤。操作时要小心仔细，大胆敏捷，熟练准确，不能粗暴和恐吓龟。麻醉前先限制龟的活动，使龟处于安静状态。抓取动物前，必须了解龟的一般习性。常用麻醉剂和剂量有多种。

常用麻醉剂和剂量

资料来源　麻醉剂名称	剂量及用法			
	戴庶，2001[1]	Chris Tabaka，2005[2]	桑青芳等，1998	牛李丽等，2006
氯胺酮	10～100毫克／千克，肌肉注射。根据动物反应，每30分钟增加剂量	静脉注射5毫克／千克，肌肉注射10毫克／千克	后肢大腿腹部肌肉注射4～5毫克／千克，5～10分钟后龟进入麻醉状态	龟体重2.7千克，预静脉注射50毫克，注射10分钟后，龟进入麻醉状态。以后每30分钟追加1次，追加剂量为首次量的1/2
盐酸二甲苯胺噻嗪			后肢大腿腹部肌肉注射1～2毫克／千克，5～10分钟后龟进入麻醉状态	
丙扑佛	10毫克／千克，静脉注射	5毫克／千克，静脉注射		
依托芬	陆栖爬行动物，1毫克／千克			
戊巴比妥	10～30毫克／千克，肌肉、腹腔内注射			
美托咪定	静脉注射，0.05毫克／千克；肌肉注射，0.1毫克／千克			

注：①引自《观赏水生宠物——龟》；
　　②引自"龟护理及兽医护理工作坊"培训班讲义。

三、龟病治疗

（一）细菌性肠道出血病

陶池有1999年报道一例金钱龟（三线闭壳龟）细菌性肠道出血病，并认为细菌性肠道出血病是因水质污染产生细菌,病源体大量孳生而导致龟发病。

【症状】 病龟初期反应迟钝,食量减少,四肢无力;严重者口鼻出血。解剖发现,肠表面有出血斑。

【治疗】 陶池有1999年介绍了两种治疗方法。

（1）每只病龟用青霉素每千克5万国际单位注射,每天1次,连用2天;连续用20%磺胺嘧啶钠注射液1毫升肌肉注射,每天1次,连续用2 天。

（2）每只龟用土霉素0.11克拌入饵料投喂,每天2次,连续用药7 天。两种方法都有显著效果。

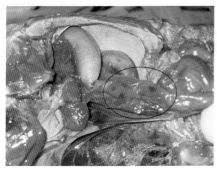

肠表面有出血斑

四肢下垂且无力

（二）黄缘盒龟囊肿病

黄斌等人2002年报道,从黄缘盒龟前肢基部囊肿中分离出一株革

兰氏阴性杆菌，培养特性观察和生化特征分析结果证实为嗜麦芽黄单胞菌（*Xnathomonas malerophila*）。

【症状】 病龟的前肢基部长一囊状肿瘤，直径为0.8～1.1厘米，囊肿外表稍发红。用针刺破或划开肿瘤，内部充满乳白色脓液，病龟精神不振，行动迟缓，食欲减退，发病初期内脏解剖未发现有明显病变。

【治疗】 黄斌等人2002年报道的药敏试验结果表明：该菌对氟哌酸、丁氨卡那霉素、呋喃唑酮、环丙沙星等药物敏感三种不同治疗方法，效果都较好。用药前先用注射器抽出囊内脓液（或用刀片划一小口）。

（1）口服氟哌酸，用量为20毫克／千克，6天为一个疗程；用药后，第5～7天患处皮肤趋向愈合，9～11天时患处长出疤状皮痂，14天后皮痂脱落，并长出发白的新皮肤。

（2）肌注丁胺卡那霉素和鱼腥草混和液（体积比为1：5），每次用量为15万国际单位／千克（丁胺卡那霉素的用量），5天为一个疗程；用药后，第5～6天患处皮肤趋向愈合，8天后患处长出皮痂，12天后皮痂脱落，并长出发白的新皮肤。

（3）在患处涂抹呋喃唑酮，隔天1次（为了使呋喃唑酮粉剂附在患处并防止被水溶解，可取1份呋喃唑酮加入到1份凡士林中搅拌均匀成糊状）；用药后第4天患处皮肤趋向愈合，7天后患处长出疤状皮痂，10天后皮痂脱落，12天后患处皮肤恢复正常。

囊状肿瘤

（三）龟摩根氏变形杆菌病

吴季森等1990年报道了"龟摩根氏变形杆菌"。唐电明等1998年报道了"黑颈水龟暴发性传染病"。从病龟心、肝和肾的病变组织分离出了摩根氏变形杆菌。经分析认为，病因是投喂腐烂变质饵料引起养殖水体恶化，龟摄食变质饵料后诱发肝脏病变，造成体质下降而继发感染摩根式变形杆菌后发病，引起暴发性传染。摩根氏变形杆菌是腐生寄生菌，广泛存在于泥土、水、阴沟、污水及各种腐朽物质中，经龟消化道、呼吸道、创伤和尿路感染。

【症状】 吴季森等1990年报道，龟发病初期，鼻孔和口腔中有大量白色透明泡沫状黏液，后期鼻部流出黄色黏稠状液体，鼻部溃烂，眼睛肿；龟头部常伸出体外，不食且饮水较少，龟常爬动不安。唐电明等1998年报道，病龟行动呆迟，不合群，食量少或不食；粪便呈灰白色水样，有少量黏液；四肢松软无力，缩入壳内。患病后期，食欲废绝；病龟口腔及鼻孔中有大量白色透明泡沫状黏液流出，并逐渐变成黄色黏稠状。解剖发现：肝脏充血肿胀，有不同程度坏死，严重者肝脏肿大呈煮熟样，周边有针尖状出血点，肾脏上也可见针尖状弥漫性出血点，心尖充血，胆囊充盈，膀胱膨大，肠内无食物。

【治疗】 (1) 发现病龟后立即隔离饲养。肌注氯霉素、卡那霉素、链霉素，每千克20毫克。每天1次，连续3天。红霉素效果不显著。肌注青霉素无效。口服痢特灵、磺胺类药物无效。

(2) 唐电明等1998报道，药物试验结果表明：摩根式变形杆菌对卡那霉素、氯霉素、链霉素高度敏感；对土霉素、四环素、庆大霉素中度敏感；对痢特灵、红霉素、青霉素、磺胺类药不敏感。先用20毫升／升漂白粉将原饲养水池彻底消毒，然后按照病龟轻重分别治疗。症状不明显个体用5%食盐水浸泡，每天1次，连用3次，每次浸10～20分钟；然后将其饲养在一消毒过的池中静养，每天投喂少量鲜饵料。腹腔注射卡那霉素20万国际单位／千克，每天1次，连用3天为一个疗程，注射后置于消毒过的清水中静养，治疗期间不投任何饵料，天气晴朗时，每天将池水排干让龟进行晒背活动。经过上述治疗，病情轻者一周后好转，行动灵活，沿池的四周边爬行、觅食，其后适当增加鲜饵

鼻部黏液

投放量，经2周治疗，全部恢复健康。病情严重个体，经2~3个疗程治疗，症状逐渐好转，部分龟开始活动、觅食，20天后基本恢复健康，治愈率达89%。

鼻部溃烂

眼睛溃烂

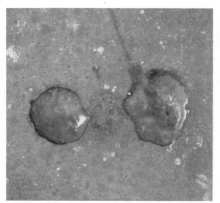

粪便灰白色呈水样

三线闭壳龟的患病症状

（四）败血症

龟感染绿脓假单胞菌引起败血症。绿脓假单胞菌广泛存在于土壤、污水中。主要经消化道、创伤感染，饵料、水源中也有病菌。各种生态类型的龟类均有患病现象。绿脓假单胞菌具传染性，且传染速度较快。每年季节更替之际易发病，幼龟因体质弱染病率较高。冬季发病较少。

【症状】 行动迟缓，喜趴伏在岸边。食欲废绝，呕吐、下痢，排酱褐色、褐色或黄色脓样粪便。解剖发现：肝、脾肿大，表面有针尖状出血点，胃壁高度水肿、肥厚，胃黏膜溃疡化脓，肠黏膜广泛出血；胃肠内充满混浊的褐色的脓样黏稠内容物。

【治疗】 早期肌肉注射链霉素，每千克5万～10万国际单位，每天1次。

水栖龟类的正常粪便

病龟粪便呈酱褐色

趴伏岸边不下水

（五）肺炎克雷伯氏菌病

陶锦华等2002年报道一例"石龟（黄喉拟水龟）感染肺炎克雷伯氏菌的诊断和防治"的病例。肺炎克雷伯氏菌与大肠杆菌的特征相似，寄生于人和动物的呼吸道或肠道，能导致人畜患肺炎、化脓性炎症及败血症等疾病。

【症状】 病龟外观精神萎靡不振，缩头少动，食欲差，鼻、眼睛有较多分泌物，眼睛外有一层黄色干酪样物质。有的甚至双目失明。解剖发现，心脏和肝脏均出血症状。

【治疗】 陶锦华等2002年报道的药敏试验结果表明：肺炎克雷伯氏

菌对头孢哌酮最敏感，其次为头孢
唑啉，依次为卡那霉素和氯霉素
等，对氯林可霉素、丙氟哌酸、复
合磺酸和红霉素等不敏感。发现病
龟后，立即将病龟与健康龟分盆饲
养。病龟肌肉注射头孢哌酮，每克
注射0.02毫克，每天1次，连续5
天，7天后病龟康复。

缩头精神萎靡不振

眼睛被分泌黏液黏合

眼睛和鼻部分泌黏液较多

（六）肺炎

田仁、王健江2000年报道"一例山龟肺炎的诊治"。根据临床症状初
步诊断为感冒引起的肺部感染，经3～5天治疗，龟恢复正常。该文中未
写拉丁名，按文中介绍情况，推测山龟为凹甲陆龟。

【症状】 病龟食欲减退，精神呆滞，行动迟缓，流清鼻液，眼睛角膜
混浊，后期呼吸困难，停食，张口喘气，并发出轻微"吠吠"声，爬行困
难。口腔黏膜呈灰黄色，舌苔增厚并有溃疡。其他种类龟也曾发现类似
症状。

【治疗】 田仁等2000年介绍，用瘟128注射液于后腿肌肉注射，每千
克0.5毫升，每天2次。另外，注射维生素C，每千克注射0.3毫升，每天
1次；并用10毫克／升的庆大霉素粉药浴，每天2次，每次15～20分钟，

连续用5天。治疗第3天，龟开始进食，能短距离爬行，舌苔变薄；第5天停止流鼻液，舌黏膜呈肉色，呼吸正常；1周后龟恢复正常。

洪美玲等2003年报道，治疗肺炎可用青霉素、链霉素或庆大霉素，用量为每千克20万国际单位，3天一个疗程，连续用2～3个疗程。

水栖龟类喜漂浮水面

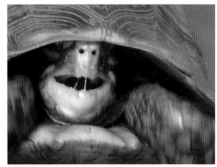

红腿陆龟口中有黏液

眼睛混浊

水栖龟类伸头张嘴呼吸

（七）白斑病

石纯等1993年报道，白斑病的病原体有寄生原虫（如钟形虫、累枝虫）和霉菌等，其中霉菌是主要和常见病原体。唐大由等1996年认为白斑病大部分由霉菌引起；其成因与三个因素有关：①水体过少或过浅。②温度25～28℃间适宜霉菌生长；③稚龟和幼龟皮肤薄嫩，易受损失，有利于病原体附着和繁殖。乌龟、黄喉拟水龟和中华花龟等水栖龟类也有患白斑病的病例。

【症状】 龟颈部和头部皮肤出现一层暗灰色覆盖物,逐渐变白并向周围扩散,严重者蔓延并覆盖眼部,停食,病灶内有大量霉菌的菌丝和孢子。

【治疗】 唐大由等1996年研究了五种药物对三线闭壳龟(原文为金钱龟)白斑病的疗效比较。具体用药方法如下:将患白斑病的幼龟(体重15～50克)随机分成5组,每组5只。白斑病的诊断以头颈部皮肤出现不断扩大的白色斑块,镜检发现霉菌为据。第1组用100毫克/升孔雀石绿水浴15分钟,每天2次,连用3天;第2组用4%氯化钠水浴10分钟,每天2次,连用3天;第3组用2毫升/升紫药水药浴10分钟,每天2次,连用3天;第4组用50毫克/升链霉素水浴1小时,每天2次,连用4天;第5组用20毫克/升高锰酸钾水浴20分钟,每天2次,连用4天。用药结果显示,孔雀石绿治愈效果最好,其次是氯化钠和紫药水,链霉素也有一定效果。若龟同时感染霉菌和细菌时,最宜用链霉素治疗。因龟类皮肤的细菌感染大部分由革兰氏阴性细菌所致,此类细菌对链霉素很敏感。

头部患病症状

患病症状

五种药物的疗效
(引自唐大由等,1996)

药物	白斑消退情况	治愈率
孔雀石绿	第2天明显消退,第3天全部消退	100%
氯化钠	第2天开始消退,第3天全部消退	100%
紫药水	第2天显著消退,第3天全部消退	100%
链霉素	第2天开始消退,第4天全部消退	100%
高锰酸钾	不消退	

（八）肿眼病

肿眼病又称白眼病，在红耳彩龟、乌龟、黄喉拟水龟等龟身上发生率较高，从幼体到成体都有患病现象。有人初步研究认为，该病是因水质碱性过重、水温变化大、营养不良或局部受伤感染引起此症。赵忠添2005年报道，在幼黄喉拟水龟病龟上分离到一种革兰氏阴性菌绿脓杆菌，初步认定细菌是该病的致病病原体。

【症状】 轻者眼睛发炎肿大，不能睁开，无分泌物，鼻部有白色腐皮。重者下眼睑内有白色豆渣状和液体分泌物，有的龟眼角膜露出，鼻部和四肢都有白色腐皮。发病起初龟尚能进食，不停用前肢擦眼部；后期停食，体轻，眼睛凹陷因体弱衰竭，并发其他疾病死亡。

【治疗】 （1）轻者可涂抹抗生素眼药膏；用呋喃西林或呋喃唑酮溶液浸泡40分钟有一定效果。严重者应先清理眼内分泌物，然后腹腔注射氯

陆龟类发病初期

陆龟类发病后期

水栖龟类发病前期

水栖龟类发病后期

霉素（也可用氯霉素的替代药），每千克10毫克，连续用药7天。通常注射4天左右，龟眼睛即能睁开一半。用维生素B、土霉素药液浸泡也有一定效果。

（2）赵忠添2005年报道，重20~25克黄喉拟水龟发病时，用硫酸链霉素全池浸浴，每升水用药1~2万国际单位。严重龟用哌拉西林钠加葡萄糖氯化钠溶液肌肉注射，每只0.15毫升，每天1次，连续注射3天一个疗程；仍未根治的个体，隔5天后再注射一个疗程。

（3）张景春2004年报道，用2%盐水或硼酸水清洗眼部，清除眼内分泌物，并涂上金霉素眼药膏。发病龟池用2克／米^{3}呋喃唑酮全池泼洒。

（4）林立中2001年报道，经常用青霉素水溶液冲洗双眼，再以氯霉素眼药水点眼。在该龟的颈部皮下注射氨苄青霉素加地塞米松溶液0.2毫升（约含氨苄青霉素$1×10^{-4}$国际单位），每天2次，连用3天，每天再以氯霉素及可的松眼药水交叉点眼3~4次。

【护理】　治疗阶段，环境温度偏高有助于龟体吸收药物，故环境温度应保持25℃以上。每天换水3次左右，确保水质良好。投喂少量食物后，将已进食的龟分离出来，但仍然需继续用药。

（九）腐皮病

腐皮病是水栖龟类发病机率较高的一种病症。研究资料显示，该病症是由嗜水气单胞菌、假单胞杆菌等多种细菌引起。轻者及时治疗能愈全，严重者死亡率高。

【症状】　全身软组织部位均可发生，其中四肢和头部发病率较大。患部表皮发白，溃烂。清理表皮溃烂后，皮肤完好（严重者易出血），但2~3天后又恢复白色溃烂。

【治疗】　清理表皮溃烂物，用金霉素眼药膏涂抹，每天1次。若龟尚能主动吃食，应在食物中添加土霉

四肢患病症状（背面观）

素；若已停食，可用土霉素溶液浸泡40分钟。此外，用青霉素粉直接涂抹患处，连续2～3天，也有一定效果。

【护理】 患病龟无需饲养在水中，保证身体潮湿即可。

四肢患病症状（腹面观）

两爪鳖的背甲患腐皮病治疗后的症状

（十）呼吸道感染

因空气温度骤降或突然受到冷风刺激，引起龟呼吸道不适。呼吸道疾病的治愈期长，有些龟主动吃食后，若停药2～3天，龟又出现流鼻液、张嘴现象。

【症状】 发病起初，病龟尚能主动吃食。陆栖龟的鼻孔潮湿，呼吸时有泡泡；打开口腔检查，发现有黏液，有的口腔外有白沫和黏液。水栖龟喜上岸，浮水或身体倾斜，反应迟钝。半水栖龟的眼睛不能完全睁开。发病后期，陆栖龟、水栖龟和半水栖龟都喜把头部高高抬起，伸长头颈并张大嘴，似乎口腔中有异物，呼吸困难；陆栖龟、水栖龟和半水栖龟有嗜睡

半水栖龟喜张嘴呼吸

鼻部溃烂

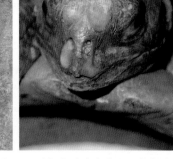

水栖龟长时间趴伏岸上，喜嗜睡　　陆栖龟类鼻部潮湿，有鼻液　　水栖龟身体漂浮水面

现象。呼吸道疾病可并发肠炎、肺炎和胃炎等疾病。呼吸道感染是龟类动物发病率较高的病症之一，季节更替时发病率较高。

【治疗】　（1）A.C.Highfield 2003年报道，肌肉注射土霉素十分有效，每千克50毫克，每48小时注射1次，共5次。

（2）投喂阿莫西林或阿莫仙儿童冲剂，重250克以上龟的用量以成人剂量的1/4，儿童剂量的1/2为宜。

【护理】　治疗过程中应提高环境温度，并给龟适当补充水分（陆栖龟和半水栖龟可通过泡澡使龟饮水）。

（十一）口腔溃疡

龟因误食尖锐异物或缺乏维生素C，以及恶劣的饲养环境、不良的营养状况，都可引起口腔表皮损伤或溃疡感染病菌而发病。在养殖场中发病机率较高，但不会引起大批量死亡。严重者恢复较困难。杨先乐2000年认为，口腔炎又名霉菌性口腔炎，病原主要为以白色念珠菌为主的真菌。系长期使用抗生素，抑制了细菌菌群正常的生长和繁殖而诱发。

【症状】　打开龟的口腔，发现舌白，口腔壁、颚和舌等部位有白色坏死表皮，揭开坏死表皮有出血点；严重者有脓性分泌物，病龟表现为缩头少动、停食。

【治疗】　（1）杨先乐2000年报道了两种治疗方法：①用2%～4%的碳酸氢钠洗涤口腔，再在患处涂抹1%～2%的龙胆紫或美蓝，或10%的制霉菌素甘油，每天3～4次；②按每千克2万国际单位的制霉菌素拌饵投喂，每天1次，连续4～5天。

（2）用消毒药棉缠绕镊子，清除脓汁，用10%过氧化氢或雷佛奴尔溶液擦洗口腔。用西瓜霜喷洒患部，每天1次。在饵料中拌入抗生素药物，连续喂3天。严重者需肌肉注射广谱抗生素，如庆大霉素、羧苄青霉素等。此外，定期泼洒生石灰（40～50毫克／升），也可有效地控制该病。

（3）周婷2006年报道了周氏闭壳龟患口腔溃疡病例。2002年3月，刚刚引进的雄龟拒食，起初以为不适应环境，5天后仍不进食，检查外表无异常，打开口腔发现，舌苍白，呈淡淡的粉色，接近白色，并有两处淡黄色溃疡。每天用西瓜霜喷口腔，干放30分钟后入水，并在水中添加呋喃西林粉，水温保持26℃，8天后开始捕食。

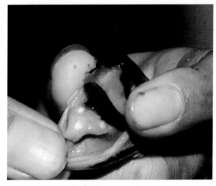
水栖龟舌表面溃疡

正常口腔桃红色

口腔溃疡的海龟

（十二）鳃腺炎

鳃腺炎又称肿颈病。温室饲养的稚、幼龟发病率较高。该病有传染性，传播速度快。

【病因】病原体是点状气单胞菌点状亚种。主要原因是水质污染引起。

【症状】病龟行动迟缓，常在水中、陆地上高抬头颈，其颈部异常肿

大，前、后肢窝鼓起，皮下有气，四肢浮肿；严重者口鼻流血。

【治疗】 肌肉注射硫酸链霉素，每千克20万国际单位，连用3天。对轻症者可用土霉素溶液（每10千克水中放土霉素3片）浸泡30分钟。

张景春2004年介绍：饲料中添加0.05%盐酸吗啉咪胍，连喂5天。此外，定期对水体用2～3克／米³漂白粉全池泼洒，能起到预防作用。

前肢窝皮下鼓气

后肢窝皮下鼓气

颈窝皮下鼓气

颈部肿大

（十三）阴茎脱出

各种生态类型的雄龟都会发病，水栖龟发病较高。因龟体内雄性激素过高，有的个体受外界刺激产生强烈反应而发病。

【症状】 阴茎外露后不能及时缩回，2～3小时仍未缩回，发生充血或血肿，或表面组织坏死，也易被其他个体误咬伤或硬物擦伤。阴茎露出时间越长，缩回可能性越小。

【治疗】 发现病龟后，用碘酒消毒，也可用呋喃西林药液温水浸泡5分钟后，涂抹百度邦软膏（其他抗生素软膏也可），将阴茎送回泄殖腔内。对发病时间长的龟，可采取切除阴茎方法，详细方法可参照猫狗阴茎脱出的治疗方法；建议到宠物医院治疗。

阴茎脱出时间较长后肿胀，不能缩回泄殖腔内

阴茎脱出初期（背面观）

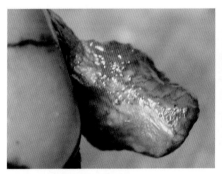

阴茎脱出初期（腹面观）

苏卡达陆龟亚成体阴茎脱出症状

（十四）脱肛

龟长时间腹泻，引起直肠松弛或过度努责而发病；有些个体营养不全和雌龟产后体弱也会发病。陆栖龟食物过于精细，长时间投喂水分含量大的瓜果蔬菜，易引起腹泻导致脱肛。

【症状】 病龟烦躁不安，喜用后肢不停擦尾部。龟发病前没有征兆，大多在排粪便后表现为直肠末端由肛门向外翻转脱出，不能缩回泄殖腔。露出鲜红色的香肠状突出物，长时间露出后，表皮发白（长时间泡在水中更

易发白）组织坏死。

【治疗】 对刚刚发现的病龟，用0.1%高锰酸钾溶液、1%明矾水清洗露出的直肠，涂抹抗生素软膏后送回泄殖腔内，为避免直肠再次露出，龟干放饲养。每天向泄殖腔内挤入抗生素软膏。严重者需切除部分直肠。

【护理】 病龟应单独干放饲养避免其他龟啃咬。有些龟有再次发病的可能，因此对康复的病龟仍应注意观察。

脱肛初期

脱肛时间长后表面组织发白坏死

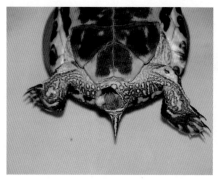

红耳彩龟脱肛症状

脱肛水肿症状

（十五）体内寄生虫

体内寄生虫病是龟进食时，将各种寄生虫的卵、虫体带入体内，寄生于龟的肠、胃、肺、肝等部位。报道的寄生虫种类有盾腹吸虫、血簇虫、锥虫、吊钟虫、隐孢球虫、线虫和棘头虫等。周婷1998年报道，凹甲陆龟随粪便排出的白色细长虫体是直刺颚口线虫。A. C. Highfield 2003年报道，陆栖龟容易感染蛔虫和蛲虫，它们都是常见的肠道寄生虫。J. G. 福克斯和B. J. 科恩1987年报道，水栖龟类最易感染棘头虫。体内寄生虫病一年四季均有发生，其中夏季发病较高，各种生态类型的龟类都有感染寄生虫的病例。

【症状】 病龟期初体表无特别明显异常症状，活动、吃食都正常。当环境差、体质差、有应激反应时，龟才会出现一些特征，如外形消瘦、嗜睡、厌食、脱水和腹泻，也有些个体到死亡前也无症状表现出来。曾解剖一只外表无异常突然死亡的中华花龟，发现其肠道被寄生虫塞满。

【治疗】 刚刚引进的野生龟应单独饲养，喂广谱抗寄生虫药，如肠虫清、左咪唑等。

（1）张景春2004年报道，按龟体重每500克用左旋咪唑80毫克拌入饲料中投喂。按龟体重每500克用驱蛔灵0.25克拌入饲料。按龟体重每500克用硫双二氯粉100毫克拌入饲料。

（2）戴庶2001年报道，对线虫可口服甲苯咪唑（剂量为每千克龟服20～25毫克）；噻苯达唑（剂量为每千克龟服50～100毫克）。

（3）J. G. 福克斯和B. J. 科恩1987年报道，治疗棘头虫的安全有效药物为磷酸左咪唑（腹腔注射剂量为每千克龟8毫克）、盐酸左咪唑（每千克龟腹腔注射5毫克，2～3周后重复1次）。治疗阿米巴原虫的首选药是甲硝哒唑，每次剂量为100～250毫克/千克。

（4）Chris Tabaka 在2005年"龟护理及兽医护理工作坊"培训班讲义中讲授了一些药物治疗方法。

①芬苯哒唑具有抗虫范围广功效，如线虫和蛔虫，但容易产生耐药性。剂量为每两周25～100毫克/千克。

②阿苯哒唑通常治疗蛔虫效果较好，剂量为50毫克/千克。

③吡喹酮对绦虫和吸虫有效，剂量为每14天重复使用8毫克/千克。

④噻嘧啶对线虫有效，对过多的蛲虫和圆线虫具有一定效果，剂量为每10天重复使用5毫克/千克。

⑤灭滴灵对内阿米巴和六鞭毛虫等各种原生物感染非常有效。剂量为每14天25～100毫克/千克。剂量过多时，龟神经系统受损，可引起死亡。

（5）2006年麻武仁等报道了陆龟蛔虫病诊治病例，治疗方法使用芬苯哒唑，50毫克／千克，或盐酸左旋咪唑10毫克/千克，依维菌素不能用于陆龟的驱虫。

异常消瘦的龟

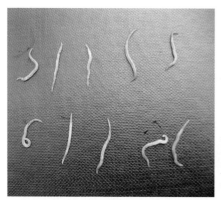

陆栖龟类排出的寄生虫

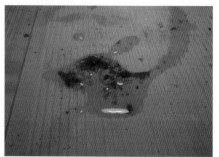

水栖龟类排出的寄生虫

（十六）蚂蟥病

蚂蟥是水蛭的别称，靠接触传播。其适应性强，在pH4.5～10.5水体中能长期生存。蚂蟥常寄生在龟颈、四肢、腋、胯窝和背甲及腹甲；吸取血液或体液前，先钻破龟的皮肤，使龟体表流血不止，减少血红蛋白，最终导致龟心力衰竭死亡。活体解剖发现病龟鼻、咽腔和直肠中均有微小的透明幼蚂蟥寄生。少量蚂蟥寄生于龟体表，通常不会导致龟死亡。

【症状】　在龟体表肉眼可见蚂蟥。被蚂蟥侵害的龟，身体消瘦，颈部和四肢伸缩力减弱。各种水龟均有感染现象。

【治疗】　（1）桑青芳等2000年报道了四种常用方法和一种新方法。

①用镊子徒手将蚂蟥摘除。但此方法易将蚂蟥拉断，使龟皮肤损伤。

②用10%～20%食盐水浸洗30分钟，蚂蟥受刺激后收缩成球状，龟体极易脱落。

③用5%福尔马林溶液直接淋洒到蚂蟥上，蚂蟥受刺激后立即脱落。

④放干池中水，用10%～20%人工海水清洗池底，龟池周围撒石灰和漂白粉消毒，对池边植物喷洒杀虫剂。24小时后，彻底清洗。重新放入清水，水中加入20千克海水素，该盐度达0.5%～1%。一周后增加海水素1次，量同前。

⑤在龟池中放养沼虾，沼虾吃蚂蟥。约2周后蚂蟥几乎绝迹。

(2) 李良华等2002年报道蚂蟥寄生乌龟的防治方法。试验结果表明，高于150毫克／升的40%甲醛（使龟眼致盲）、10毫克／升硫酸铜溶液、200毫克／升敌百虫溶液对蚂蟥效果较好，能杀死、杀脱大部分蚂蟥，但相当不安全。当用烟丝、散装绿茶、新鲜杨树叶以沸水浸泡三遍，去渣取汁浸泡乌龟，各液体均能杀死活蚂蟥，龟体未见有毒副作用表现，疮口也收敛痊愈良好。对于养殖场来说，绿茶和新鲜杨树叶较难获取，烟丝较获得，故用烟丝治疗蚂蟥病较适宜。首先，为防烟沫污染失控，将烟丝装入聚乙烯网片（25目／2厘米）制成0.7米×1米的网袋，封口后浸透，然后悬挂于池塘中，每天翻转2次。烟丝浓度为1 000毫克／升时，48小时蚂蟥死亡一半，96小时后蚂蟥死亡；烟丝浓度为1 500毫克／升时，48小时蚂蟥死亡一半，72小时蚂蟥死亡。治疗期间，水温在25～36℃。治疗结束后，将水排净，注入新水。

特别需要提醒，活蚂蟥经阳光曝晒、严重干燥失水或经鱼用药品处理常缩成一团，入清水后仍能恢复其活力，因此脱落并不表明活蚂蟥死亡。

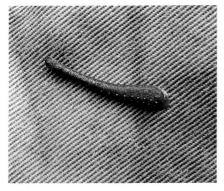

蚂蟥的一种

吸血后的蚂蟥

（十七）蜱等寄生虫

水栖龟类、半水栖龟类、陆栖龟类因野外生活环境有寄生虫而感染。蜱、螨和蚤等寄生虫常常寄生于龟类体表。体外寄生虫通常在春、夏和秋季发病，野生龟类发病率较高，人工饲养环境下，发病率低，危害较小。螨类和蜱类是龟类最为常见的体外寄生虫，可直接造成失血或间接传播病原。

【症状】在龟体表面肉眼能直接看到虫体，它们常寄生在龟的四肢腋、胯、颈窝柔软部位。染病龟通常消瘦，部分个体停食。

【治疗】（1）龟体表面的蜱类等寄生虫可直接摘除。对新引进的龟做全身检查，尤其是四肢、颈窝、胯和腋等部位。也可用1%敌百虫溶液浸洗，连续两天。

（2）王兴福等1998年报道，将倍特（butox）稀释成2.5～3.0毫克/

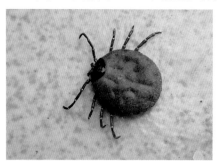

硬蜱（背面观）

硬蜱（腹面观）

地龟颈窝处的硬蜱

缅甸陆龟后肢窝处的硬蜱

（喻强提供）

升浸泡四爪陆龟1~3分钟，可有效
杀死扇头蜱（硬蜱的一种），对四爪
陆龟无副作用。用2.5毫克／升药
浴1~3分钟后12小时，扇头蜱全部
死亡并脱落。

（3）杨先乐2000年介绍，用75%
的酒精涂抹患处，若眼部被蜱螨感
染，可用水冲洗或滴入刺激性较小
的眼药水， 如氯霉素、磺胺等。

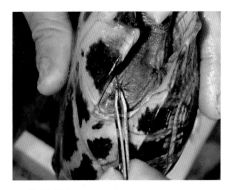

处理方法

（喻强提供）

（十八）蔓足类寄生于海产龟类

海产龟类的甲壳上易有大量的藤壶、茗荷儿等蔓足类。丛珊等1997
年报道，最多一只蠵龟背甲上有60多枚龟藤壶，最少也有3~5枚。龟甲
上有大量寄生物对龟来说是严重负担，不但降低游速，而且细菌、透过藤
壶侵扰过的甲壳，真菌等病原体可以乘虚而入，感染龟体。

【症状】 龟背甲上肉眼即可看见藤壶等寄生物。

【治疗】 朱龙2005年报道，单纯的寄生物对龟体并没有什么危害，
只有病原体入侵后才会引起并发症。对于藤壶、茗荷儿的寄生，可以将
龟置于日光下曝晒3~5小时（曝晒时要经常在头部、鼻孔及眼周围洒
水）后，将龟放入注满淡水的饲养池中饲养2~3 天，这些寄生物即可
死亡。

藤 壶

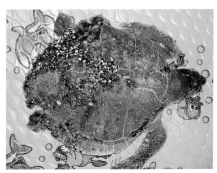

海龟背甲上的藤壶

（引自美国龟医院网站）

（十九）纤维肿瘤

纤维肿瘤又称肿瘤，由病毒引起，是由纤维结蒂组织产生的局限性良性肿瘤。成龟患病机率较高，幼发病率低，危害小。

【症状】 瘤体为硬结状的突起，瘤体呈圆形或椭圆形，大小不等。瘤体位于体表时，病龟不出现机能障碍。

【治疗】 纤维瘤宜早期切除。若切除不彻底易复发，有些瘤体恶变为纤维肉瘤，且易转到内部器官。手术前，先观察隆起部位周围是否有炎症，若有炎症应先消炎，然后再实施手术。

操作方法：①麻醉。肌肉注射或乙醚熏。肌肉注射氯胺酮10毫克／千克。②手术。皮肤局部用碘酒和酒

纤维瘤

切开后

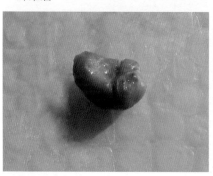

肌肉中的瘤

黄缘盒龟颈窝处的瘤

精消毒。考虑好切口位置后再下刀；切口应尽量小。切开皮肤后，若瘤在皮下，可将瘤剪碎，一块一块拿出；若瘤在肌肉内，应切开肌肉取出瘤体肌肉；敷上抗生素，缝合肌肉后，再缝合皮肤。皮肤表面碘酒和酒精消毒即可。③护理。为防治术后感染，肌肉注射青霉素3天。

（二十）乳头状肿瘤

乳头状肿瘤是由被覆上皮的真皮衍化出的纤维结蒂组织所形成的良性瘤。通常与体表水蛭及皮肤血管中的旋睾吸虫卵有关。龟体表破损后，在恢复过程中也可长出瘤。

【症状】瘤体的外表为大小不一的菜花状，突出于皮肤表面。开始时，瘤体光滑，圆形，以后表面变得粗糙，坚硬如角质状。瘤体多发生在四肢、颈部等处。

【治疗】用切除方法治疗。切除时间宜在夏季。先将瘤体表面消毒，切除瘤体后，擦抹抗生素药粉，并包扎；也可碘酒消毒后涂抹抗生素软膏。每2天换一次药。龟干养，避免伤口感染。

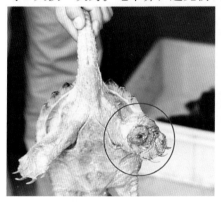

蛇鳄龟后肢脚掌部肿瘤

（陈纯真提供）

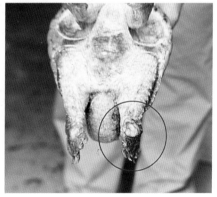

蛇鳄龟前肢掌部肿瘤

（陈纯真提供）

（二十一）甲壳溃烂

龟甲壳受伤后细菌和真菌侵袭引起溃烂，分为败血性溃烂和真菌性溃烂。败血性溃烂由细菌引起，真菌性溃烂由真菌引起。通常水栖龟比陆栖

龟更易感染。

【症状】甲壳有溃烂,盾片下有出血痕迹,严重者骨板也溃烂,甚至穿透体腔。

【治疗】彻底清理溃烂物,直至新鲜组织,涂抹优碘,每天2次,严重者需涂抹抗生素消炎。日常护理时,将龟每天干放3~5小时。

背甲溃烂症状

腹甲溃烂症状

腹甲溃烂

盾片下有出血斑

甲壳后缘溃烂

(二十二)甲壳外伤

龟因意外从高处摔落低处,被狗啃咬等因素引起甲壳开裂。

【症状】甲壳开裂,严重者有血液渗出。

【治疗】 据国外资料报道:2～3厘米的裂缝可涂抹抗生素软膏后直接用胶带沾黏,让其自然愈合。愈合恢复时间较长严重者需要用玻璃纤维和医用环氧树脂做底衬修补。

恢复后的甲壳外伤

(二十三) 难产

难产是指雌龟产卵时不能及时将卵排出,此现象在日常养龟中并非罕见。

【症状】 通常情况下,自龟挖洞穴始,至排完卵需3小时左右。不能正常排卵的龟,在出现排卵征兆后7～14天内仍不能排出卵时,可视为难产。有些龟在挖洞穴过程中受惊吓后,有不排卵现象,第2天或隔2～3天后再次出现排卵症兆。

【治疗】 (1) J.G.福克斯和B.J.科恩1987年报道,使用催产素解决龟难产问题取得了成功。剂量为每100克体重腹腔注射1～4万国际单位。

(2) 有些龟友推荐,将龟浸泡在水温30～33℃水中1～2天,将有助于龟产卵。

(3) 泡温水和注射催产素仍不能使龟正常排卵,那就需要手术了。2005年Antonio Sanz 和Javier Valverde报道了印度星龟卵异常的病例。

(4) 2006年牛李丽等报道了"手术治疗凹甲陆龟难产一例",现依据原文归纳如下:病龟凹甲陆龟雌性,体重2.7千克,出现食欲废绝,精神萎靡,不愿活动,不排便等现象。经X光拍片检查,发现其腹中有14枚卵。注射催产素2天后仍未见卵排出,故采取手术治疗。术前麻醉用氯胺酮50毫克, 颈后静脉注射。注射10分钟后动物进入麻醉状态,以后每30分钟追加1次,追加量为首次量的1/2 ,麻醉效果良好。用紫药水在手术部位画出标记,使手术部位更为准确。开口部位选在腹甲腹部。切口

呈四方形，横向约6厘米，纵向约4厘米。对手术部进行消毒，敷设创巾。用电钻（最好是用轮状锯）沿标记线连续钻孔，切开龟壳，切面向内呈45°倾斜，以免龟壳闭合时陷下。四面龟壳全部切开后，切断三面的肌肉和腹膜，将龟壳像门一样打开，输卵管和其中的卵即暴露在视野下。小心取出输卵管并在输卵管血管分布较少且易于取出所有卵的部位做长3厘米切口，依次将14枚卵取出后，缝合输卵管放回腹腔。用生理盐水冲洗腹腔并放入抗生素后将龟壳盖好，在切口两边均匀涂上环氧树脂（注意不能涂在切

龟挖洞不产卵，是难产症状之一

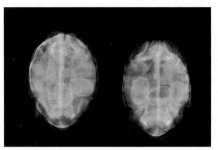

X光片中的卵

（Kehen Chang 提供）

龟腹甲上的切口

（《Reptilia》2003 年 No.26）

输卵管内的龟卵

（《Reptilia》2003 年 No.26）

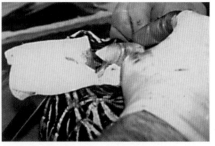

取出龟卵

（《Reptilia》2003 年 No.26）

口上），盖上比术部稍大的玻璃纤维，然后在玻璃纤维和相近的龟壳上全部涂上环氧树脂，手术结束。待覆盖物干燥变硬后放入龟池护理。为防止术后感染，肌肉注射头孢噻肟钠100毫克，每天1次，连续15天。由于该龟长时间未主动吃食，手术后有轻微脱水现象。用糖盐水100毫升、维生素C100毫克、三磷酸腺苷（ATP）5毫克、辅酶A25万国际单位，皮下注射，每天1次。连续5天后脱水改善，停止补液。在未主动采食前每隔2天用打碎的蔬菜汁填食一次。该龟术后未发生感染，术后恢复良好，术后40多天开始主动采食。

（二十四）佝偻病

佝偻病也称软骨症、营养性骨骼症。温室饲养的幼龟发病较高，各种龟均有发病现象。但发病率相对较小，危害不大。

【病因】 由于长期投喂单一饲料、投喂熟食，使日粮中的维生素D含量不足，造成龟体内缺少维生素D，且钙磷比例倒置或缺钙，均可引起龟的骨质软化，此病例多见生长迅速的稚龟、幼龟。病龟初期都能主动吃食，后期停食。

黄耳彩龟软壳症状

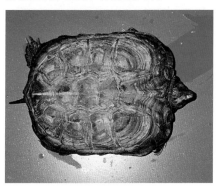

乌龟软壳症状

正在吃墨鱼骨的陆龟

【症状】 病龟在运动时较困难，龟的四肢关节粗大，背甲、腹甲软，严重者的指、趾爪脱落。

【治疗】 在日粮中添加虾壳粉、贝壳粉、钙片、维生素D及复合维生素适量。尽可能地让龟生活于有自然光的环境中，也可使用太阳光灯照射。严重者肌肉注射10%葡萄糖酸钙（1毫升／千克）。

（二十五）脐炎

脐炎即肚脐部发炎。一些刚刚出壳的稚龟腹部有尚未完全收缩好的脐眼或卵黄囊，一旦磨破擦伤极易感染。

【症状】 腹部脐眼周围红肿，严重者脐部溃烂，停食。

【治疗】 将龟饲养在光滑的容器中，水中用5毫克／升的高锰酸甲溶液浸泡1～2小时，可预防龟患病。病龟擦碘酒后涂抹金霉素眼药膏，干放饲养，但应保持背甲和头部潮湿；放入水中饲养后，可在水中加入少量呋喃西林，预防感染。

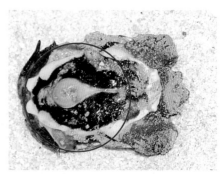

肚脐发炎的龟

脐眼收缩后的腹部

用碘酒涂抹脐眼

（二十六）下颌结核块切除

桑青芳等2003年报道一只雄性绿海龟下颌结核块病症及治疗方法。

【症状】 重14千克雄性绿海龟的下颌有一黄褐色肿块，其直径3.5厘米，球形，坚硬，隆起皮肤表面。肿块，随时间推移逐渐增大。注射器穿刺肿块，未见有脓液，故疑为增生组织。

【治疗】 经综合确诊为结核块，决定采取手术切除治疗。首先，为龟肌肉注射静松灵（二甲苯胺噻唑）1毫升麻醉，15分钟后龟反应迟钝，头颈松弛；固定四肢，牵出头部并作常规消毒。然后，用2%普鲁卡因0.5毫升沿肿块基部环行注射，作局部麻醉；切开肿物顶部，向两侧分离皮肤与增生组织，在基底部将肿块与下颌骨剥离，切除肿块及坏死的皮肤。创面喷洒盐酸肾上腺素，对出血的小血管用骨蜡敷垫压迫止血；手术伤口用电烙铁烙烫，热灼止血。最后，伤口外敷云南白药，周围涂抹鱼石脂，用纱布绷带包扎。术后绿海龟放在清洁干燥的隔离室内单独喂养，防止伤口感染，每日肌肉注射青链霉素1次。1周后伤口干燥，基本愈合，食欲恢复。15天后投喂食物，每日投喂2次。

海龟颈部的肿块症状

（李德胜提供）

（二十七）腹泻

何成伟等人2003年报道一例黄喉拟水龟的腹泻病。黄喉拟水龟发病前当地连续降雨，气温由30℃降到10℃，温差变化较大，抵抗力降低发病。经细菌分离，生化鉴定，致病性试验证明，梅氏弧菌引起龟患病。药物试验表明，分离菌对氯霉素、丁胺卡那霉素、新生霉素敏感，对青霉素、先锋霉素、庆大霉素、复方新诺明、红霉素和氟哌酸不敏感。

【症状】 病龟都不同程度地表现行动迟缓,采食缓慢或不食,拉稀粪便,泄殖腔孔松弛。解剖发现:肺呈暗黑色;肝肿胀呈土黄色,表面有出血点;脾肿胀出血;肠道出血,直肠胀满,有多量水样便。

【治疗】 对发病黄喉拟水龟肌肉注射丁胺卡那霉素,幼龟0.5毫升/只,亲龟1.0毫升/只,每天1次,连用3天。对龟池及活动场所用二氧化氯消毒,经以上处理后,再未死亡,发病龟逐渐康复。

泄殖腔孔松弛

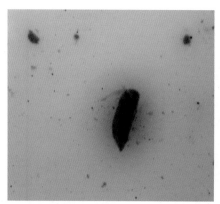

水栖龟的正常粪便

水栖龟患病时的粪便

(二十八) 烂尾病

烂尾病是龟与龟间互相撕咬或意外受伤后感染所致。陈关平等2001年报道,乌龟烂尾病的病原是嗜水气单胞菌所致。嗜水气单胞菌是条件性致病菌,即因环境恶化使细菌毒力提高,导致龟发病。

【症状】 病龟反应迟钝,行动迟缓,体表穿孔,活动少,少食或停食,后肢窝有血斑,严重者口鼻流血,解剖发现:有些个体腹腔内充满大量淡黄色液体,无臭味。食道、胃、肠、脾出血,肝脏肿大。

【治疗】 杨待建等2002报道，药物试验表面：嗜水气单胞菌对庆大霉素、头孢菌素和黄连素及其敏感。治疗中应注意抗生素用药原则，防止耐药菌株的产生。发现病龟应及时隔离治疗。

因交配咬伤的尾部

烂尾病症状

（二十九）咽部取钩

市场上出售的一些淡水龟类是捕捉者用钢质或铁质L形鱼钩垂钓获得，然后剪断绳子，绳头滑入口腔内。若钓钩位置较深，即使龟张嘴，也难见到绳头。可用弯头镊探入咽部检查，若条件许可，拍摄X片可准确判断钩的位置。

新引进的野生淡水龟应先检查口腔内是否有钩。曾发现5种野生淡水龟的口、肠等部位有钩现象，其中马来西亚巨龟发现率最高，其次为安布闭壳龟、粗颈龟、大东方龟、马来龟。

【症状】 咽部有钩的龟，外表通常没有异样症状；行动上表现缩头、少动，停食。有些龟口腔里留有绳头。

【防治】 （1）保定　将龟腹部朝上，平放在一中央有凹槽的泡沫板上。

（2）麻醉　桑青芳等1998年报道龟咽部取钩手术病例。在龟后肢大腿腹部肌肉处注射盐酸氯胺酮，每千克注射4～5毫克，盐酸二甲苯胺噻嗪每千克注射1～2毫克，5～10分钟后，龟出现肌肉松弛麻醉状态，进入麻醉期的龟眼睛睁开，眼球能转动。

（3）取钩　将龟竖起并保定，缓缓拉出龟头部，用兽用开口器（也可用木棒支撑在龟嘴一角）将龟嘴撑开，用长柄镊或止血钳夹住鱼钩，先向

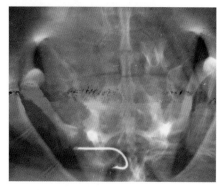
X光片直肠内的钓钩

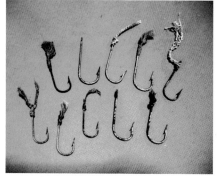
钓 钩

咽部深处退，感觉鱼钩退出后，转动鱼钩，使L形鱼钩与龟舌呈水平方向，再将鱼钩缓缓取出。

（4）护理　将青霉素稀释后多次冲洗口腔，每天1～2次，连续5～7天。手术后停食3～5天，单独饲养护理。龟忌饲养于深水中，只能放在浅水（水位不超过龟的腹甲）；夏季预防防暑，冬季注意保温，保持空气温度25℃以上。3～5天后，对仍然绝食的龟进行填喂，使其及早恢复食欲。

（三十）创伤

创伤是指龟皮肤或黏膜遭到破坏后形成的损伤。根据创伤发生时间长短和是否感染，创伤又分为新鲜创、陈旧创和化脓创。

陈旧创伤

【新鲜创】　新鲜创治疗，通常先用云南白药、止血敏（酚磺乙胺）止血，再清除创伤污物，然后用3%双氧水、0.1%～0.5%高锰酸钾等冲洗伤口，防止感染。严重者，可将消炎粉或抗生素直接撒在创面上。创伤经上述处理后可根据伤口大小状况采取缝合和包扎措施。

处理后的龟单独干放饲养7天左右，淡水龟类应保持皮肤潮湿（伤口周围应干燥），如环境温度达25℃左右，可正常喂食。

【陈旧创】 陈旧创治疗以除去坏死组织、促进伤口愈合和控制感染为主。首先用手术剪将坏死组织切除至新鲜创，然后依照新鲜创处理方法。若创伤严重，还应肌肉注射抗生素。

【化脓创】 化脓创治疗原则是排脓、清除坏死组织、促进生长和控制感染。首先创口扩大，有利于创内脓汁、坏死组织排出；创伤形成新鲜创面后，参照新鲜创处理即可。

（三十一）膀胱结石

膀胱结石又名结石。陆栖龟类患病较多。因长期缺少水分，过多摄取蛋白质和矿物质，钙磷比例不当而引起。结石为白色坚硬物。

【症状】 初期仍能吃食，但5～7天没有粪便排出；后期停食。泡澡时，龟缩头，四肢伸直，整个身体用力撑，但无粪便排出或仅排出少量白色尿酸盐。直肠检查能触摸到坚硬的结石，X光拍片也可见结石。

陆栖龟的正常粪便

陆龟排泄的尿酸盐

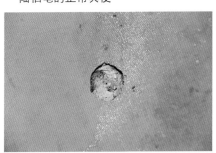

直径26毫米的结石

碎的结石

【防治】　诊断龟有结石后，将开塞露（液体石腊也可）挤入肛门，并将龟倒立放置2～5分钟，然后再放入水中观察。如果仍没有大块结石排出，说明结石过大难以排出。将龟腹甲朝上，尾部浸在水中，食指（或金属棒、耳扒）缓缓伸入肛门内，触摸结石，挤碎结石，使结石逐渐变小，以便龟排出。体小的陆龟，可用耳扒或其他硬物伸入肛门内，缓缓拨弄结石。以上操作应在28℃温水中进行，温水除有润滑作用外，还有利于刺激龟排便。若龟仍不能排出结石，必须到宠物医院或相关机构实施手术，但开膛破肚，风险较大。

（三十二）中耳炎

中耳炎也可称为脓疮，是由细菌感染引起。通常发生在各个部位，以鼓膜（耳膜）部位最常见。现已发现乌龟、红耳彩龟、丽锦龟、黄喉拟水龟、印度星龟、三爪箱龟和丽箱龟有发病现象，且箱龟类患病率较高。

【症状】　初期局部红、肿，有些个体仍能进食；后期患部脓肿，表层皮肤变薄后破裂，排出乳黄色脓汁，用力挤压有白色豆渣状物。若深部组织脓疮，仅见皮肤轻度水肿，故不易被发现。

丽箱龟右侧耳患病症状

处理后的病灶

绿海龟右侧耳患病症状

印度星龟挤出的豆渣状物　　　　　　印度星龟左耳的处理方法
（Ralph Hoekstra 提供）　　　　　　（Ralph Hoekstra 提供）

【治疗】　保定和固定龟后，以"十"字形切开表皮，彻底清除脓汁和坏死组织后，用3%双氧水擦洗，再用碘酒涂抹，用棉花蘸消炎粉涂抹在伤口内，切口不需缝针，可自己愈合。每天都必须检查伤口，并涂抹消炎粉，直至愈全。也可将抗生素粉拌在眼药膏内直接涂抹在伤口处。肌肉注射青霉素3天。

【护理】　深秋和冬季，环境温度应保持在25℃以上，饲养水位不超过腹甲。若龟有食欲可继续喂食，有利于伤口恢复。龟伤口愈全后，有复发可能，故应常检查。

（三十三）疥疮病

疥疮病又称脓疮病。病原为嗜水气单胞菌点状亚种。它常存在于水中、龟的皮肤、肠道等处。水环境良好时，龟为携菌者，一旦环境污染，

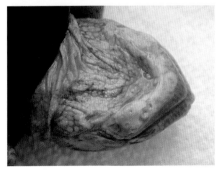

颈部和下颌患病症状　　　　　　　　　四肢和股部患病症状

龟体受外伤，病菌大量繁殖，极易引起龟患病。除冬季外，春夏秋季均有发生。成龟和幼龟都有感染发病现象，早期治疗有一定效果，严重者易引起并发症而死亡。各种生态类型的龟类均有发病现象。

【症状】 颈、四肢有单个或数个黄豆大小的白色疥疮，用手挤压四周，有黄色、白色的豆渣状物。病龟初期尚能进食，逐渐少食，严重者停食，反应迟钝。一般2～3周内死亡。

【治疗】 （1）首先将龟隔离饲养，将病灶的内容物彻底挤出，用碘酒搽抹，敷上土霉素粉（其他抗生素也可），对于溃烂较大的病灶，可将棉球（棉球上有土霉素或金霉素眼药膏）塞入洞中。若是水栖龟类，可将其放入浅水中。对已停食的龟应填喂食物，并在食物中埋入抗生素类药物。

（2）张景春2004年报道，清洗伤口后，涂抹红霉素或肤轻松软膏。肌肉注射卡那霉素，每千克体重20万国际单位。

（三十四）喙增生

上、下喙生长过长，呈坚硬角质状。有资料显示：缺乏维生素A可引起此病症。

【症状】 正常情况下，上颌略长于下颌。上喙过长且突出于咀嚼面，影响捕食。

【防治】 用齿锉（牙医使用的电动齿锉更佳）将过长的喙锉平，也可用齿剪剪断；然后消毒即可。日常饲料中适当添加维生素A。

锯缘闭壳龟的症状

黄缘盒龟的症状

（Michael Nesbt 提供）

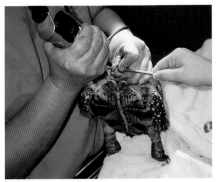

用电动齿锉处理的方法（侧面观）
（Ralph Hoekstra 提供）

用电动齿锉处理的方法（前面观）
（Ralph Hoekstra 提供）

（三十五）断爪

龟爪因受外伤或溃烂，引起爪根部折断和脱落。断爪部位通常很难在短期内生长出新爪。

【症状】爪脱离指根部，有血液渗出。若长时间浸泡于水中，易发生肿、溃烂等炎症。

【治疗】 将龟离开水，擦干患部，清除腐烂皮肤，用碘酒消毒后，外抹抗生素药膏，如土霉素眼药

断爪后发炎的症状

断爪后的症状

断爪后引起局部肿胀

膏、红霉素软膏等。每天坚持涂抹 1～2 次，干放饲养。

（三十六）修爪

龟长期饲养在光滑容器内，得不到粗糙面摩擦，爪生长过长；上岸爬行时，爪根部易折断，从而引起软组织感染。

【症状】前后肢的爪过长（有些水栖龟类雄性的前爪较长属正常现象）。

【防治】用指甲剪修剪，也可用齿锉慢慢修锉。将龟爪对着强光，能看到透明部位和指甲，修整时仅修剪透明部位的角质，不要剪到指甲。如不小心剪到指甲，先止血消毒，然后涂抹抗生素软膏，干放若干天饲养后即可恢复。

前爪症状

后爪症状

古巴彩龟雄龟的前爪长属正常现象

（三十七）鼻孔外伤

因运输容器小而擦伤、交配时互咬和冬眠冻伤等引起外伤；多数龟仍主动进食。

鼻部结痂　　　　　　　　　　　　　　鼻部结痂脱落

【症状】　鼻部软组织受伤,在水中浸泡数日后表皮发白溃烂引起炎症。

【防治】　对于新鲜伤口,将患部消毒后涂抹红霉素软膏,龟干放饲养。喂食时龟放入水中,食完后继续干放饲养。伤口已发白的龟,首先区分是溃烂还是结痂。若是结痂,不需清除结痂,在水中加少量呋喃西林,正常喂食物,1~2周后结痂自然脱落。若是溃烂,应先清理溃烂物,消毒后涂抹红霉素软膏,龟干放饲养。

(三十八) 水肿病

杨先乐2000年报道,水肿病又称为浮肿病。因龟体的组织间隙中出现过量的积液引起水肿;主要原因为: ①由各种因素引起的心力衰竭;②肾功能受损,出现肾综合症或急、慢性肾炎;③营养不良,维生素B缺乏;④肝功能衰竭,肝硬化或出现严重脂肪肝;⑤重度贫血或患溶血症。

【症状】　主要症状是病龟全身水肿,四肢与头部不能缩入甲壳内, 龟体软弱无力;呼吸困难,活动缓慢,反应迟钝。该病无明显季节性, 发病率相对较高。

【防治】　该病较难治疗,目前尚无有效的治疗方法。因此,要积极预防,其主要措施有:①杜绝可诱发该病的因素,如补充适当的维生素B_1,不投喂变质的饲料等;②使用低钠饲料,绝不能在饲料中添加食盐。可在饲料中添加双氢克尿塞等利尿剂,重症病龟可注射速尿。

腹面症状

四眼斑龟的症状

（三十九）误食异物

　　龟误食非正常食物，异物通常以红色、白色异物为主，如塑料袋、钓钩和泡沫等。陆栖龟误食异物现象较多。

排出体外的塑料袋

　　【症状】误食异物初期无异常表现，后期停食、精神不振、嗜睡。部分个体吞食的异物可随粪便排出；水栖龟类吞食的钓钩如果没有钩到食管、胃、肠，通常可随粪便排出。

　　【防治】确诊龟误食异物后，陆龟可增加泡澡次数，促进龟排粪便；可少量喂硫酸镁，也可用开塞露促进排便排出异物。

（四十）麦粒肿

　　麦粒肿又称"偷针颗"，通常长在下眼睑边缘部位，因下眼睑发生化

眼部正常状况

麦粒肿症状

脓性炎症而引起。

【症状】 下眼睑缘皮肤或睑结膜呈局限性红肿，触之有硬结及压痛，脓肿成熟后出现黄白色脓头。

【防治】 麦粒肿初期可使用抗生素眼药水或眼药膏，如氯霉素眼药水、新霉素眼药水等；脓肿成熟时必须切开排脓。但在脓肿尚未形成之前，切不可过早切开或任意用力挤压，以免感染扩散引起败血症等病症。

（四十一）冬眠不适

周婷 2006 年报道了周氏闭壳龟冬眠时出现不适的病例。在南京冬

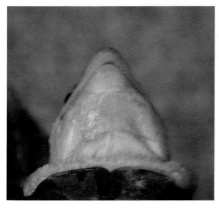

早期症状

下颌症状

季，龟自然冬眠状态下，因不能长期忍受0～5℃低温水温环境，引起全身不适。

【症状】 2003年2月15日，为龟换水时发现，2只龟下颌及周围表皮溃烂发红，鼻孔处有白色腐皮，已堵塞鼻孔。

【防治】 因担心龟健康，故提前加温饲养。在水中放入加热棒，水温缓缓上升，最终保持24～26℃，并在水中放少量呋喃唑酮，第2天抽取一半水后加入新鲜水。加温第4天龟开始摄食瘦肉，一周后，龟下颌炎症消失，鼻孔处白色腐皮褪去。2005年1月雌龟也曾出现此症状，均提前加温饲养使其安全越冬。

（四十二）营养不良

据杨先乐2000年报道，引发营养不良病的原因是投喂过量高蛋白饲料或变质的肉类、干蚕蛹等高脂肪饲料，使变性脂肪酸毒素在体内大量积聚，导致肝及胰脏中毒，机体代谢失调。

【症状】 病龟一般行动迟缓，常游于水面。症状较轻时不易识别。病重时体表变色，表皮下出现水肿，龟体变厚，身体高高隆起，四肢肌肉无充实感，用手指按压，软而无弹性，腹部散发出臭味。解剖可见肝脏变黑、肿大。

【防治】 杨先乐认为，该病主要危害成龟，使病龟商品价值降低，甚至出现大量死亡。主要流行季节为5～10月。预防方法：不投喂高脂肪和腐烂变质的饲料；不投喂久贮的干蚕蛹；在饲料中搭配部分植物性饲料，如瓜果、蔬菜叶、植物块根等。治疗方法：在

四肢无力，漂浮于水面

缅甸陆龟患营养不良的症状

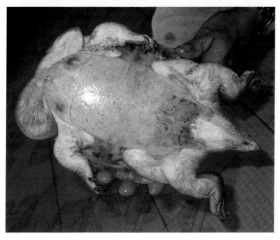

四肢瘫软无力

饲料中加入适量维生素B、维生素C和维生素E等，添加量为饲料重量的0.6%～1.2%。

（四十三）溺水

溺水现象不只是陆栖龟类才会有，水栖龟类和半水栖龟类都有溺水现象。如水位突然升高，没有攀附点伸头露出水面换气，造成溺水死亡。

【症状】 眼睛睁开，似活着，颈部肿大，四肢伸出壳外，瘫软无力。解剖发现，肺充水，腹腔内水较多。

【防治】轻度溺水的龟放在通风处，使其慢慢恢复。龟头部朝下，鼻孔内有水流出，并压迫龟四肢，有规律地挤压。A.C. Highfield 于 2003 年介绍，龟醒来后面临患肺炎可能性，因此，治疗过程中必须给予广谱抗生素治疗。

（四十四）双胞胎肚脐的分离

双胞胎是指同一个卵内孵化出两只龟，它们的肚脐相连接。如不及时分离，将影响龟行动，甚至引起炎症。分离后的脐带在1～2周内可自然

脐带相连的赫尔曼陆龟

（Helen Cain 提供）

萎缩脱落。

【症状】 两只龟腹甲对腹甲，脐带连接在一起形成一个整体。

【治疗】 首先用碘酊消毒脐带；然后用缝合线将两只龟的脐带各自扎紧（距离脐眼0.5～1厘米）；用手术刀在两端缝合线的中央切断；最后再消毒脐带，涂抹抗生素软膏，龟放置干燥处饲养。

脐带扎的方法

（Helen Cain 提供）

分离后的两只龟

（Helen Cain 提供）

（四十五）肩部皮下肿块

白吻动胸龟体重100克，雄性。肿块形成原因不明。

【症状】 白吻动胸龟左侧肩部肿大，隆起，表皮溃烂，左前肢肿胀，不能缩入壳内，无活动能力。

【治疗】 用酒精清洗表皮前肢和肩部，将溃烂表皮切开，露出白色溃烂物，用止血钳镊出2.1厘米×1.8厘米硬物，将剩余溃烂物彻底清理，直至见新鲜肌肉。碘酒消毒患处，将灭菌结晶磺胺（外用消炎粉）和金霉素眼膏混合，涂抹于伤口。因肩部皮肤从背甲根部溃烂，无法做缝合处理，其他创口也未缝合。肌肉注射青霉素每千克3万国际单位，维生素C0.1毫升，

清理后的患部

涂抹药后状况

肿块

一个月后恢复的状况

维生素B0.1毫升，每天1次，连续注射1个月。每隔3~4天换药。龟饲养于浅水中，水位0.5厘米，以不超过伤口为宜。一周后，左侧前肢略消肿；伤口有新鲜肌肉长出，14天后龟已能少量进食。一个月后伤口已长出新皮肤，右侧前肢已完全消肿，但仍不能活动。

（四十六）关节痛风

A.C.Highfield2003年报道中将此病称为关节炎；J.G.福克斯等1987年将此病称为关节痛风；程天印等1999年报道中称为肾衰。戴庶2001年的报道中称为痛风。关节痛风是龟长期食用高蛋白食物，引起血液中尿素

后肢肿胀症状（背面观）　　　　　　后肢肿胀症状（腹面观）

浓度升高，部分尿酸盐积聚在关节内导致发病。各种生态类型的龟类都有发病现象。该病易误诊为外伤或蚊虫叮咬。

【症状】 后肢关节或肌肉肿胀，触摸肌肉无弹性，压迫肌肉有坚硬感觉。病变的组织切片和活组织标本中可见尿酸结晶。

【治疗】 （1）A.C.Highfield2003年报道，患病早期可肌肉注射抗生素；后期采取截肢是最有效方法。陆栖龟类的食物改喂超低蛋白质食物，并投喂大量水，便于龟排尿。

（2）戴庶2001年报道，早期治疗用别嘌呤醇有一定效果，体重每千克用15毫克。

（四十七）脂肪代谢不良

程天印等1999年报道，脂肪代谢不良又称饵料性疾病、脂肪织炎等。龟因长期摄入高脂肪饵料以及摄入过量鱼、肉等霉烂变质饵料，导致饵料中的变性脂肪酸大量聚集于体内，引起代谢机能失调发病。

【症状】 病龟四肢、颈部粗大，用手触摸挤压皮肤，感觉皮下滑腻，似有水；压迫患部并无肿痕迹。病龟初期尚能觅食；后期停食、四肢无力。程天印等1999年报道，病龟脂肪呈黄土色或黄褐色；肝脏肿大，质脆，呈黑色。

【治疗】 戴庶2001年报道，投喂维生素C、维生素B、维生素E可促进病龟体内代谢正常。对于严重的病龟，通常无较好的治疗方法。

程天印等1999年报道，发现病龟立即停喂4天饵料，然后在植物性饲料中添加适量维生素 B、维生素 C、维生素 E 等；7 天后在饵料中拌入土霉素或四环素，剂量为 0.1 克／千克；对于停食的病龟可肌肉注射庆大霉素，剂量为 1 万国际单位／千克。

黄喉拟水龟的症状

红耳彩龟的症状

参考文献

[REFERENCES]

J.G.福克斯和 B.J.科恩.萧佩蘅译.实验动物医学.北京农业出版社，1987

王兴福，邓秀芳，王明军，格热提，曹建，张乐云.倍特驱杀四爪陆龟硬蜱的疗效观察.
　　中国兽医科技.1998，28（5）：34

牛李丽，王强，余星明，邓家波，陈维刚.手术治疗凹甲陆龟难产一例.动物医学进展.2006，
　　27（3）：114～115

石纯，杨晓璐．鳖养殖．科学技术文献出版社，1993

田仁，王建江.一例山龟肺炎的诊治.新疆畜牧业.2000，（2）：24

丛珊，王者茂．山东沿海的海生龟类及其饲养研究．海洋湖沼通报.1997，（3）：76～
　　80

朱龙．人工饲养条件下蠵龟的常见疾病.水产科学.2005，24（3）：24～26

朱新平，陈永乐，魏成清，刘毅辉.黄喉拟水龟成龟养殖与疾病防治.淡水渔业.2000，30
　　（6）：39～41

李良华，边书京，蔡军，陈定贵，王维龙，李冬泉.乌龟寄生性鳃蛭病的防治探讨.动物
　　科学与动物医学.2002，19（5）：22～24

吴惠仙.巴西翠龟肝腹水病的中草药防治.中国水产.2003，（4）：52～53

吴季森，李超美，朱雪良，周婷.龟摩根氏变形杆菌病的诊断.中国动物检疫.1990，（6）：
　　25～26

何成伟，宋旭权，唐蕙英.黄喉拟水龟腹泻病的病源分离与鉴定.中国兽医科技.2003，33
　　（8）：55～56

陈关平，向华云，杨待建.乌龟烂尾病病源的鉴定.湖北农业科学.2001，（1）：60～61

杨先乐.龟的疾病及其防治.水产科技情报.2000，27（2）：88～89

杨待建，陈关平，程太平，荣俊，龚大春.龟鳖嗜水气单胞菌病的诊断.中国兽医科技.
　　2002，32（5）：35～36

林立中.龟眼结膜囊干酪样沉积物治疗一例.福建畜牧兽医.2001，23（2）：7

赵忠添.黄喉拟水龟"白眼病"治疗初报.科学养鱼.2005，（6）：69～70

周婷，滕久光，王一军.龟鳖养殖与疾病防治.北京：中国农业出版社，2001

周婷，区灶流，蓝建.龟鳖养殖7日通.北京：中国农业出版社，2004

周婷.凹甲陆龟的人工饲养及疾病防治.野生动物.1998，19（20）：19

周婷.部分东南亚淡水栖龟类的人工饲养.北京水产.2000，(5)：58

周婷.点击美洲特产——箱龟.水族世界.2005，(2)：88~92

周婷.水中潜水艇——两爪鳖.水族世界.2005，(4)：88~89

周婷.龟病治疗小窍门.中国观赏鱼.2005，(4)：64~65

周婷.周氏闭壳龟人工饲养下的观察资料.四川动物.2006，25(2)：390~392

张景春.养龟与疾病防治.北京：中国农业出版社，2004

洪美玲，王力军，史海涛.三线闭壳龟的生物学特性及人工养殖.海南师范学院学报(自然科学版).2003，16(3)：78~82

桑青芳，刘小青.绿海龟下颌结核块的手术切除.畜牧与兽医.2003，35(9)：26

桑青芳，刘小青，蔡勤辉，莫林，潘润忠，袁丽珠.笼养龟水蛭病的防治.中国兽医杂志.2000，26(5)：50

桑青芳，刘小青，蔡勤辉等.龟咽部取钩手术2例.中国兽医杂志.1998，24(2)：27~28

唐大由，李贵生.5种药物治疗金钱龟白斑病的疗效比较.水利渔业.1996,(5)31

唐电明，麻秀珍.黑颈水龟暴发性传染病病因分析及防治.广西农业科学.1998，(2)：90~91

黄斌，陈世锋，陈勇.黄缘闭壳龟囊肿病的研究.淡水渔业.2002，32(5)：44~46

麻武仁，刘了，谢兰英，施振声.陆龟蛔虫病的诊治.中国兽医杂志.2006，42(4)：48

陶锦华，李康然，韦平.石龟肺炎克雷伯菌氏菌感染的诊断与防治.广西畜牧兽医.2002，18(6)：20~21

陶池有.金钱龟细菌性肠道出血病的发生及诊治.广西畜牧兽医.1999，15(2)：35

程天印，王小君.养龟与龟病防治.长沙：湖南科学技术出版社，1999

戴庶.观赏水生宠物——龟.北京：中国农业大学出版社，2001

A.C.Highfield 著. KK 黄译.龟龟新世代.欧萌国际有限公司.2003

Antonio Sanz、Javier Valverde.Reptile reproduction part Ⅱ:principal disorders.Reptilia,2003,No.26:65~68

Chris Tabaka.龟护理及兽医护理工作培训班讲义.嘉道理农场暨植物园、龟生存联盟合办，2005

后 记

[POSTSCRIPT]

　　从事龟鳖工作多年，结识了一些天南地北赏龟玩鳖的同行及爱好者。彼此间信函、电话、短信、电邮和QQ时，龟病是讨论最多的话题。某日与一龟友交流后，一个念头从心中闪过：为什么不把自己、龟友以及他人的经验告诉同行和爱好者呢？独享不如众享。这就是我编写此书的原由。

　　自与龟结下不解之缘后，龟病之事一直困扰着我。面对龟停食多日的忐忑不安，面对龟软弱无力的忧心忡忡，面对龟奄奄一息的力不从心，面对遥遥无期的等待，那感觉，那滋味，那心情，恐怕只有养过龟的人才有感触和体验。多年来，我摸着石头过河，一日，一月，一年，十年……，实践经验积攒渐丰。这些经验有些来自前人治疗家禽猫狗等动物的方法；有些是死马当活马医的结果；有些源自国内外龟友的传授；有些更源于龟的生命。这书里镶入了龟的血，嵌入了龟的肉，今生与龟为伴的心

周婷于云南元阳

不曾改变，来世仍将与龟为伍之意已悄然决定。这种思考始于我对龟之魅力的吸引；延续于龟之生命的敬佩；深化于龟之叹息的愧疚；又回味于龟之明天的祈盼。

　　本书整理出来的疾病，虽无法涵盖所有，也不能做为专业诊断的依据，但或许可以显示出养龟过程中的常见疾病，为广大养龟者提供初步帮助和治疗方法。目前，国内外已出版了一些龟类疾病书籍，本书只可算作蜻蜓点水；但尚若你能从中捞出月采出蜜，使龟健康生活，健康成长，健康生存，我倍感欣慰，这也是我编写此书的目的和心愿。

　　说实话，对于一个没有系统学习过生物学和兽医学专业知识的人来说，要写好这样一本书困难重重。因目之所观，手之所触有限，恐有疏漏错误之处，盼同行及爱好者见谅与赐教。

2007 年 5 月

总 跋

[POSTSCRIPT]

· ·

　　我国是一个龟鳖生物多样性丰富的国家，种类繁多，分布广泛。但由于受栖息地环境变化、人口增长和过度利用等因素的影响，野生龟鳖资源岌岌可危。为弥补自然资源不足及满足不断增加的市场需求量，我国龟鳖养殖业在近年得到了迅猛发展。据不完全统计，我国龟鳖产值已达50亿元人民币，养殖面积1 200万亩，种龟存量在800万～1 000万只，年繁殖量2 000万只。随着龟鳖养殖业集约化、规模化和产业化程度的不断提高，龟鳖养殖业的生物安全问题也逐渐显现

李丕鹏博士在野外

出来，龟鳖救护和疾病诊断与治疗就是其中被忽视的问题之一，以至于每年有相当数量的龟鳖因患病而死亡，导致这一宝贵资源不断衰减，而且更严重制约了我国龟鳖养殖业的健康发展。

《龟病图说》是国内首本以图文并茂形式介绍龟类动物疾病诊断、治疗和基础操作技术的书籍。它的出版是我国龟鳖动物养殖业和保护工作的一件幸事，既对我国研究龟鳖动物疾病起到了抛砖引玉的作用，也为广大龟鳖爱好者、养殖人员提供了简洁明了的使用手册。龟鳖疾病的研究是一个薄弱环节，我希望本书的出版能够引起龟鳖保护工作者和有关学者对龟鳖疾病研究的重视，尽快加强对这一领域的科学研究。

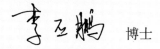 博士

沈阳师范大学特聘教授、博士生导师
世界自然保护联盟物种保存委员会委员和
中国两栖爬行动物专家组主席

致 谢

[ACKNOWLEDGEMENTS]

本书在编写过程中，得到国家林业局保护司"中国龟鳖市场调查"项目资助，特此致谢！

2005年5月，我有幸得到香港嘉道理农场暨植物园 (Kadoorie Farm and Botanic Garden) 和龟生存联盟 (Turtle Survival Alliance) 的资助，参加了他们在香港联合举办的"龟护理及兽医护理工作坊"培训班。通过学习，我进一步掌握了龟病诊治技术，在此对香港嘉道理农场暨植物园和龟生存联盟特表谢意！

我也衷心感谢美国龟友William P.McCord，每当我将一些病龟照片Email他时，疑难杂症即得到解疑释惑。

另外，前人对一些龟类病例的研究和报道，为本文提供了有益的参考，在此深表谢意！

广东惠东港口海龟国家级自然保护区、海南省海口泓旺农业养殖有限公司、海南文昌长寿龟鳖园养殖基地为本书的完成提供便利和鼎立协助，谨此致谢！

2007 年 5 月

蛇蛙研究丛书（十五）

No.1 《从水到陆——刘承钊教授诞辰九十周年纪念文集》赵尔宓主编，科学出版社出版，1990

No.2 《中国龟鳖图集》周久发、周婷编著，赵尔宓译英，江苏科学技术出版社出版，1992

No.3 《动物科学研究——祝贺张孟闻教授九秩华诞纪念文集》钱燕文、赵尔宓和赵肯堂主编，中国林业出版社出版，1992

No.4 《中国黄山国际两栖爬行动物学学术会议论文集》赵尔宓、陈壁辉、Theodore J.Papenfuss 主编，中国林业出版社出版，1993

No.5 《China Herpetological Literature Catalogue and Index》赵尔宓、赵蕙编著，成都科技大学出版社出版，1994

No.6 《经济蛙类生态学及养殖工程》李鸽鸣、王菊凤编著，中国林业出版社出版，1995

No.7 《中国蛇岛》李建立编著，黄沐朋译英，辽宁科技出版社出版，1995

No.8 《中国两栖动物地理区划》赵尔宓主编，《四川动物》14 卷增刊，1995

No.9 《中国龟鳖研究》 赵尔宓主编，周久发、周婷副主编，《四川动物》15 卷增刊，1997

No.10 《地灵人杰——刘承钊教授在四川》(The Wonderland, The Outstanding Personality − Professor Cheng-chao Liu in Sichuan) 赵尔宓，张学文，赵小苓编，台湾复文书局出版，2000

No.11 《Taxoniomic Bibliography of Chinese Amphibia and Reptilia, including Karyological literature》赵尔宓，张学文，赵蕙编著，台湾复文书局出版，2000

No.12 《中国蛇类》(上、下卷) 赵尔宓著，安徽科学技术出版社出版，2006

No.13 《龟鳖分类图鉴》 周婷主编，赵尔宓审校，中国农业出版社出版，2004（2006年第 2 次印刷）

No.14 《中国及其周边地区两栖爬行动物研究文献目录》四川大学生命科学学院编印，2006

No.15 《龟病图说》 周婷、陈如江、梁玉颜、李艺编著，中国农业出版社出版，2007

图书在版编目（CIP）数据

龟病图说/周婷等编著. —北京：中国农业出版社，
2007.3（2023.6重印）
ISBN 978-7-109-11516-3

Ⅰ．龟… Ⅱ．周… Ⅲ．龟科-动物疾病-诊疗-图解
Ⅳ．S947.1-64

中国版本图书馆CIP数据核字（2007）第021687号

中国农业出版社出版
（北京市朝阳区麦子店街18号楼）
（邮政编码 100125）
责任编辑 武旭峰 林珠英

北京中科印刷有限公司印刷 新华书店北京发行所发行
2007年6月第1版 2023年6月北京第15次印刷

开本：880mm×1230mm 1/32 印张：3
字数：85千字
定价：36.00元
（凡本版图书出现印刷、装订错误，请向出版社发行部调换）